茶经：一本书读懂茶文化

胡涛◎主编

黑龙江科学技术出版社
HEILONGJIANG SCIENCE AND TECHNOLOGY PRESS

图书在版编目（CIP）数据

茶经：一本书读懂茶文化 / 胡涛主编 . -- 哈尔滨：
黑龙江科学技术出版社，2018.6
ISBN 978-7-5388-9662-6

Ⅰ . ①茶… Ⅱ . ①胡… Ⅲ . ①茶文化 - 中国 Ⅳ .
① TS971.21

中国版本图书馆 CIP 数据核字 (2018) 第 078758 号

茶 经 ： 一 本 书 读 懂 茶 文 化

CHAJING: YI BEN SHU DUDONG CHAWENHUA

作　　者　胡　涛
项目总监　薛方闻
责任编辑　徐　洋
策　　划　深圳市金版文化发展股份有限公司
封面设计　深圳市金版文化发展股份有限公司
出　　版　黑龙江科学技术出版社
　　　　　地址：哈尔滨市南岗区公安街 70-2 号　邮编：150007
　　　　　电话：（0451）53642106　传真：（0451）53642143
　　　　　网址：www.lkcbs.cn
发　　行　全国新华书店
印　　刷　深圳市雅佳图印刷有限公司
开　　本　723 mm×1020 mm　1/16
印　　张　10
字　　数　120 千字
版　　次　2018 年 6 月第 1 版
印　　次　2018 年 6 月第 1 次印刷
书　　号　ISBN 978-7-5388-9662-6
定　　价　35.00 元

CONTENTS

CONTENTS

CONTENTS

第4篇　识茶人话茶事

第1篇

一壶茗香遍天下

茶在中国，素有"国饮"之称，足以见其文化足迹，非一朝一夕而成。
闲暇之时，手执一杯香茗，看轻烟缭绕，闻悠悠茶香，
细细品读源远流长的中国茶文化，实乃人生一大乐事。

"东方美人"——茶的前世今生

中国是茶的故乡，也是茶文化的发源地。茶的发现和利用在中国已有四五千年的历史，且茶文化长盛不衰，传遍全世界。茶是中华民族的大众之饮，发于神农，闻于鲁周公，兴于唐朝，盛于宋代。

中国是茶树的原产地

中国是世界上最早种茶、制茶、饮茶的国家，茶树的栽培已经有几千年的历史了。这可以从我国古今很多地方发现的野生大茶树上得到进一步证实。

在我国丰富多彩的茶树品种资源库中，有一类非人工栽培也很少用来采制茶叶的大茶树，俗称野生大茶树。它通常是在一定的自然条件下经过长期的演化和自然选择而生存下来的一个类群，不同于早先人工栽培后遭丢荒的"荒野茶"。当然，这是相比较而言的，在人类懂得栽培利用茶树之前，茶树都是野生的。

一千多年以前，唐代的陆羽就写出了《茶经》，此书是一部关于茶叶生产的历史、源流、现状、生产技术以及饮茶技艺，茶道原理的综合性论著，也是我国历史上第一部关于茶的专著。

魏晋南北朝时期，茶产渐多，茶叶商品化。人们开始注重精工采制以提高茶的质量，上等茶成为当时的贡品。

　　茶叶生产在唐宋时期达到一个高峰，茶叶产地遍布长江、珠江流域和中原地区。元明清时期是茶叶生产大发展的时期。人们做茶技术更高明，元代还出现了机械制茶技术。明代是茶史上制茶发展最快、成就最大的朝代。朱元璋在茶业上诏置贡奉龙团，对制茶技艺的发展起了一定的促进作用，也为现代制茶工艺的发展奠定良好基础，今天泡茶而非煮茶的传统就是明代茶叶制作技术发展的成果。至清代，无论是茶叶种植面积还是制茶工业，规模都比前代大。

"茶"字的由来

　　在古代史料中，茶的名称很多，但"茶"是正名，"茶"字在中唐之前一般都写作"荼"字。由于茶叶生产的发展，饮茶的普及程度越来越高，"茶"的使用频率也越来越高，直到唐代陆羽《茶经》之后，"茶"字才逐渐流传开来，运用于正式场合。

近现代茶业的发展

第一阶段

1846 年到 1886 年是中国茶叶生产的兴盛时期。这时期茶园面积不断扩大，茶叶产量迅速递增，有力地促进了对外贸易的发展。

第二阶段

1886 年到 1947 年是中国茶叶生产的衰落时期。除政治和经济方面的逆境影响外，还有一个原因是在国际茶业市场竞争中中国茶叶失败了。

第三阶段

1950 年到 1988 年是中国茶叶生产的恢复时期。由于政府的重视，积极扶持茶叶生产，使得枯萎的茶业得到恢复和发展。

图说中国茶的历史

茶文化发展史

在周朝，茶为祭品，以供丧事之用。茶树生长有季节性不可能随采随祭，必须晴天晒干或雨天阴干收藏，以便随时取用。

西汉将茶的产地命名为"茶陵"，即湖南的茶陵。

东汉华佗《食经》中"苦茶久食，益意思"记录了茶的医学价值。

中唐时，集茶文化之大成者是陆羽，他的名著《茶经》对唐代茶叶历史、产地，茶的功效、栽培、采制、煎煮、饮用的知识、技术都做了阐述，把茶文化发展到一个空前的高度，是世界上第一部最完备的综合性茶学著作。陆羽也因此被后人称为茶圣、茶神。

宋代文人中出现了专业品茶社团，有官员组成的"汤社"、佛教徒组成的"千人社"等。

宋太祖时期，宫廷中设立茶事机关，宫廷用茶已分等级。茶仪已成礼制，茶叶还被赐给国外使节。

民间斗茶风起，带来了采制烹点的一系列变化。迁徙时邻里要"献茶"，有客来要敬"元宝茶"，订婚时要"下茶"，结婚时要"定茶"，同房时要"合茶"。

上古时代	夏商周	秦	汉	三国	魏晋南北朝	隋	唐	宋

中国茶叶发展史

三国时期《广雅》中最早记载了饼茶的制法和饮用：荆巴间采叶作饼，叶老者饼成，以米膏出之，饮用时碾碎冲泡。茶以物质形式出现而渗透至其他人文学科形成了茶文化。

据信史《华阳国志》记载，当年周武王伐纣时，巴人曾向周军献茶。由此可见，茶叶的种植历史追溯到3000年以前是可以确定的。

现时霍山大化坪出产的自然发黄的黄芽。

唐朝盛产的"寿州黄芽"是自然发黄的茶芽，蒸制为团茶，不像。

十一世纪前后，四川绿茶运销西北，由于交通不便、运输困难，必须压缩体积，因此出现了蒸制为边销的团块茶，使边销茶成为西北边区唯一的重要商品。

到了宋朝，由于蒸青饼茶在压制过程中会损失一部分茶香，而且制茶过程费时费力，就出现了蒸青散茶。蒸青散茶是将茶蒸后直接烘干，这样就很好地保持了茶叶的香味。

魏晋南北朝时期，为方便储藏和运输，出现了将散装茶叶跟米膏一起制成茶饼的晒青茶，这种方法一直沿用到初唐时期。

晋南北朝时期，饮茶之风流传到长江中下游，茶叶已成为日常饮料，宴会、待客、祭祀都会用茶。

这时已出现蒸青、炒青、烘青等茶类，茶的饮用已改成"撮泡法"。

到清朝时，茶叶出口已成一种正规行业，茶书、茶事、茶诗不计其数。

各省各市及主产茶县纷纷主办"茶叶节"，如福建武夷市的岩茶节，云南的普洱茶节，浙江新昌、泰顺和湖北英山及河南信阳的茶叶节不胜枚举，它们都以茶为载体，促进经济贸易的全面发展。

1391年，洪武皇帝朱元璋下诏："罢造龙团，惟采茶芽以进。"于是，不再有蒸青饼茶，而独存下来的蒸青散茶在明朝前期大行其道。

清初文人袁枚在《随园食单·茶酒单·武夷茶》中记述了工夫茶艺：工夫茶讲究茶具的艺术美，冲泡过程的程式美，品茶时的意境美，此外还追求环境美、音乐美。

元　　明　　清　　现代

公元 1570 年前后，由于炒青绿茶的实践，发觉杀青后或揉捻后，不及时干燥或干燥程度不足，叶质会变黄，于是人们产生新的认识，再去实践，就创造了黄茶。

1650 年前后。化制法的工夫红茶，则起源于公元

小种红茶起源于 16 世纪，亦称正山小种。从小种红茶流传到闽东各县简

福建福鼎的白毫银针，起源于公元 1796 年。

青茶是清朝雍正三年至十三年间劳动人民发明的。

白牡丹继白毫银针之后，最早创制于建阳水吉，后传入政和、福鼎。公元 1922 年，政和开始创制白牡丹。

黑毛茶起源于十六世纪以后。湖南安化的黑毛茶是经揉捻后渥堆 20 多小时，使叶色变成褐绿带黑，而后烘干而得名。这种黑毛茶经过各种蒸压技术措施，造成各种各样的黑砖茶。

中国茶区分布

中国根据生态环境、茶树品种、茶类结构分为四大茶区，即华南茶区、西南茶区、江南茶区、江北茶区。

华南茶区

华南茶区包括福建东南部、台湾、广东中南部、广西南部、云南南部及海南。华南茶区茶树品种主要为大叶类品种，小乔木型和灌木型中小叶类品种亦有分布，生产茶类品种有乌龙茶、工夫红茶、红碎茶、绿茶、花茶等。

华南茶区气温为四大茶区最高，年均气温在 20℃ 以上，一月份平均气温多高于 10℃，≥ 10℃ 积温在 6500℃ 以上，无霜期 300 天以上，年极端最低气温不低于 -3℃。华南茶区雨水充沛，年降水量为 1200 ~ 2000 毫米，其中夏季降水量占 50% 以上，冬季降雨较少。茶区的土壤以砖红壤为主，部分地区也有红壤和黄壤分布，土层深厚，有机质含量丰富。

西南茶区

西南茶区包括云南中北部、广西北部、贵州、四川、重庆及西藏东南部。西南茶区茶树品种丰富，乔木型大叶类和小乔木型、灌木型中小叶类品种都有，生产茶类品种有工夫红茶、红碎茶、绿茶、黑茶、花茶等，是中国发展大叶种红碎茶的主要基地之一。

西南茶区地形复杂，气候变化较大，平均气温在 15.5℃ 以上，最低气温一般在 -3℃ 左右，个别地区可达 -8℃。≥ 10℃ 积温在 4000 ~ 5800℃，无霜期 200 ~ 340 天。西南茶区雨水充沛，年降水量为 1000 ~ 1200 毫米，但降雨主要集中在夏季，冬、春季雨量偏少，如云南等地常有春旱现象。西南茶区的土壤类型多，主要有红壤、黄红壤、褐红壤、黄壤、红棕壤等，有机质含量较其他茶区高，更有利于茶树生长。

· 江南茶区 ·

江南茶区包括湖南、江西、浙江、湖北南部、安徽南部、江苏南部。江南茶区茶树品种以灌木型为主，小乔木型也有一定的分布，生产茶类有绿茶、乌龙茶、白茶、黑茶、花茶等。

江南茶区地势低缓，年均气温在 15.5℃以上，极端最低气温多年平均值不低于 -8℃，但个别地区冬季最低气温可降到 -10℃以下，茶树易受冻害。≥10℃积温为4800～6000℃，无霜期 230～280 天。夏季最高气温可达 40℃以上，茶树易被灼伤。

江南茶区雨水充足，年均降雨量 1400～1600 毫米，有的地区年降雨量可达2000 毫米以上，以春、夏季为多。茶区的土壤以红壤、黄壤为主，部分地区有黄褐土、紫色土、山地棕壤和冲积土，有机质含量较高。

· 江北茶区 ·

江北茶区包括甘肃南部、陕西南部、河南南部、山东东南部、湖北北部、安徽北部、江苏北部。江北茶区茶树品种主要是抗寒性较强的灌木型中小叶种，生产茶类主要为绿茶。

江北茶区大多数地区的年平均气温在 15.5℃以上，≥10℃积温为 4500～5200℃，极端最低温为 -10℃，个别年份极端最低气温降到了 -20℃，造成茶树严重冻害，无霜期200～250 天。江北茶区年降水量较少，在 1000 毫米以下，且分布不均，其中春、夏季降雨量约占一半。茶区的土壤以黄棕壤为主，也有黄褐土和山地棕壤，pH 值偏高，质地黏重，常出现黏盘层，肥力较低。

我国部分省份名茶分布

省份	名茶
浙江省	西湖龙井、顾渚紫笋、安吉白片、余杭径山茶、缙云惠明茶、普陀山云雾茶等
江苏省	洞庭碧螺春、南京雨花茶、宜兴阳羡雪芽等
江西省	庐山云雾茶、上饶白眉、婺源茗眉等
安徽省	黄山毛峰、歙县老竹大方、修宁松萝、六安瓜片、太平猴魁、宣城敬亭绿雪、祁门工夫红茶等
陕西省	西乡午子仙毫等
河南省	信阳毛尖等
湖北省	恩施玉露、当阳仙人掌茶等
湖南省	岳阳君山银针等
四川省	蒙顶甘露、峨眉山竹叶青等
云南省	滇红工夫、云南沱茶、七子饼茶等
贵州省	都匀毛尖等
广西壮族自治区	南山白毛茶、广西红碎茶、苍梧六堡茶等
广东省	凤凰单丛、广东大叶青茶等
福建省	南安石亭绿、白毫银针、白牡丹、安溪铁观音、安溪黄金桂、武夷岩茶、闽北水仙、闽北肉桂、崇安大红袍、崇安铁罗汉、崇安白鸡冠、崇安水金龟等
台湾省	冻顶乌龙、文山包种茶等

揭秘茶类大家族

茶家族的成员众多，产地、原料与工艺制法使她们身姿各异、韵味迥然，人们很难想象，这些杯中起舞的精灵，不仅有着外在视觉、味觉交织的瑰丽与奇妙，更有着浓郁的文化内涵。

绿茶——不发酵茶

绿茶，又称不发酵茶，是以适宜茶树的新梢为原料，经过杀青、揉捻、干燥等传统工艺制成的茶叶。由于干茶的色泽和冲泡后的茶汤、叶底均以绿色为主调，因此称为绿茶。

绿茶是历史上最早的茶类，古代人类采集野生茶树芽叶晒干收藏，可以看作是绿茶加工的发始，距今至少有三千多年。绿茶为我国产量最大的茶类，以浙江、安徽、江西三省产量最高、质量最优。

红茶——全发酵茶

红茶是在绿茶的基础上经过发酵而成，即以适宜的茶树新芽为原料，经过杀青、揉捻、发酵、干燥等工艺制作而成。制成的红茶其鲜叶中的茶多酚减少了90%以上。

世界四大名红茶分别为祁门红茶、阿萨姆红茶、大吉岭红茶和锡兰高地红茶。

黄茶——轻发酵茶

人们在炒青绿茶的过程中发现，如果杀青、揉捻后干燥不足或不及时，叶色会发生变黄的现象，黄茶的制法也就由此而来。黄茶属于发酵茶类，其杀青、揉捻、干燥等工序与绿茶制法相似，关键差别就在于闷黄的工序。大致做法是，将杀青和揉捻后的茶叶用纸包好，或堆积后以湿布盖之，促使茶坯在水热作用下进行非酶性的自动氧化，形成黄色。

黑茶——后发酵茶

作为一种利用菌发酵方式制成的茶叶，黑茶属后发酵茶，基本工艺是杀青、揉捻、渥堆和干燥四道工序。按照产区的不同和工艺上的差别，黑茶可分为湖南黑茶、湖北老青茶、四川边茶和滇桂黑茶。

最早的黑茶是由四川生产的，是绿毛茶经蒸压而成的边销茶，主要运输到西北边区销售，由于当时交通不便，必须减少茶叶的体积，于是就将茶叶蒸压成团块。在加工成团块的过程中，要经过二十多天的湿坯堆积，绿毛茶的色泽因此由绿变黑。黑茶中以云南的普洱茶最为著名，由它制成的沱茶和砖茶深受蒙藏地区人们的青睐。

乌龙茶——半发酵茶

乌龙茶，又名青茶，属半发酵茶类，基本工艺过程是晒青、晾青、摇青、杀青、揉捻等。

乌龙茶结合了绿茶和红茶的制法，其品质特点是，既具有绿茶的清香和花香，又具有红茶醇厚的滋味。

乌龙茶的主要产地在福建的闽北、闽南及广东、台湾三个省。名品有铁观音、黄金桂、武夷大红袍、武夷肉桂、冻顶乌龙、闽北水仙、凤凰单丛等。

白茶——轻微发酵茶

白茶的制法既不破坏酶的活性，又不促进氧化作用，因此具有外形芽毫完整、满身披毫、毫香清鲜、汤色黄绿清澈、滋味清淡回甘的品质特点。它属于轻微发酵茶，是我国茶类中的特殊珍品。

中国十大名茶

关于中国"十大名茶"的命名、归属,一直众说纷纭,1959 年全国"十大名茶"的评选结果为多数人所认同,下面就来认识一下吧!

洞庭碧螺春——茶中仙子

洞庭碧螺春始于明代,产于江苏苏州太湖的洞庭山碧螺峰上,因康熙皇帝南巡时大加赞赏而御赐名『碧螺春』。

安溪铁观音——七泡余香

铁观音,色泽乌黑油润,因叶似观音,沉重如铁而被乾隆赐名『铁观音』。

武夷岩茶——茶之状元

大红袍,出产于福建武夷山九龙窠的高岩峭壁上,是武夷岩茶中品质最优的一种。

信阳毛尖——绿茶之王

信阳毛尖,又称『豫毛峰』,因条索紧直锋尖,茸毛显露,故而得名。

祁门红茶——群芳之最

祁门红茶,简称祁红,以香高、味醇、形美、色艳『四绝闻名于世,是世界三大高香名茶之一。清饮,可品其清香;调饮,亦香气不减。

庐山云雾——茶中上品

庐山云雾,始产于汉代,已有一千多年的栽种历史,被『茶圣』陆羽誉为『中华第一茶』。庐山云雾茶汤幽香如兰,饮后回甘香绵。

君山银针——黄茶之冠

君山银针,清朝时被列为『贡茶』,冲泡之时根根银针悬空竖立,继而三起三落,簇立杯底,极具观赏性,乃黄茶之中的珍品。

六安瓜片——神茶

六安瓜片,因其产地古时隶属六安府而得名,其中产于金寨齐云山一带的茶叶,为瓜片中的极品,冲泡后雾气蒸腾,有『齐山云雾』的美称。

黄山毛峰——茶中精品

黄山毛峰产于安徽黄山,以茶形『白毫披身,芽尖似峰』而得名,其特点为『香高、味醇、汤清、色润』,堪称我国众多毛峰之中的贵族。

西湖龙井——绿茶皇后

西湖龙井,是指产于中国杭州西湖龙井一带的一种炒青绿茶,以『色绿、香郁、味甘、形美』闻名于世,是中国最著名的绿茶之一。

茶叶的选购和鉴别

茶叶是生活中的必需品，怎么选择上好的茶叶、怎么分辨真茶与假茶、怎么识别新茶与旧茶显得尤其重要。

如何选购茶叶

●检查茶叶的干燥度

以手轻握茶叶微感刺手、轻捏会碎，表示茶叶干燥程度良好，茶叶含水量在 5% 以下。

●试探茶叶的弹性

以手指捏叶底，一般以弹性强者为佳，表示茶菁幼嫩，制造得宜，而触感生硬者为老茶菁或陈茶。

●观察叶片整齐度

茶叶叶片形状、色泽整齐均匀的较好，茶梗、簧片、茶角、茶末和杂质含量比例高的茶叶，一般会影响茶汤品质，多是次级品。

●闻茶叶香气

绿茶清香，包种茶带花香，乌龙茶带熟果香，红茶携焦糖香，花茶则应有熏花花香和茶香混合之强烈香气。

●看泡后茶叶叶底

冲泡后很快展开的茶叶，多是粗老之茶，条索不紧结，泡水薄，茶汤多平淡无味，且不耐泡。冲泡后叶面不展开或经多次冲泡仍只有小程度展开的茶叶，不是焙火失败就是已放置一段时间的陈茶。

●检验发酵程度

红茶是全发酵茶，叶底呈鲜艳红色为佳；乌龙茶属半发酵茶，清香型乌龙茶及包种茶为轻度发酵茶，叶在边缘锯齿稍深位置呈红边、其他部分呈淡绿色为正常。

●看茶叶外观色泽

各种茶叶成品都有其标准的色泽。一般来说，以带有油光宝色或有白毫的乌龙及部分绿茶为佳，包种茶以呈现有灰白点之青蛙皮颜色为贵。茶叶的外形则随茶叶种类而异，如龙井呈剑片状，文山包种茶为条形自然卷曲，冻顶茶呈半球形紧结，铁观音茶则为球形。

●观茶汤色

一般绿茶为蜜绿色，红茶为鲜红色，白毫乌龙呈琥珀色，冻顶乌龙呈金黄色，包种茶则呈蜜黄色。

甄别真假茶叶

真茶和假茶，一般都是通过眼看、鼻闻、手摸、口尝的方法来综合判断。

●**眼看：** 绿茶呈深绿色，红茶色泽乌润，乌龙茶色泽乌绿，茶叶的色泽细致均匀，则为真茶。如果茶叶颜色不一，则可能为假茶。

●**鼻闻：** 如果茶叶的茶香很纯，没有异味，则为真茶；如果茶叶茶香很淡，异味较大，则为假茶。

●**手摸：** 真茶一般摸上去紧实圆润，假茶都比较疏松；真茶用手掂量会有沉重感，而假茶则没有。

●**口尝：** 冲泡后，真茶的香味浓郁醇厚，色泽纯正；假茶香气很淡，颜色略有差异，没有茶滋味。

辨别新茶与陈茶

新茶与陈茶的鉴别主要是看它的色、香、味，可以通过以下方法来综合判断。

●**看色泽：** 茶叶在储藏的过程中，构成茶叶色泽的一些物质会在光、气、热的作用下，发生缓慢分解或氧化，失去原有的色泽。如新绿茶色泽青翠碧绿，汤色黄绿明亮；陈茶则叶绿素分解、氧化，色泽变得枯灰无光，汤色黄褐不清。

●**捏干湿：** 取一两片茶叶用大拇指和食指稍微用劲一捏，能捏成粉末的是足干的新茶。

●**闻茶香：** 构成茶香的醇类、酯类、醛类等物质会不断挥发和缓慢氧化，时间越久，茶香越淡，新茶的清香馥郁会变成陈茶的低闷浑浊。

区分春茶、夏茶和秋茶

　　茶树生长和茶叶采制是有季节性的，茶叶通常按采制时间划分为春、夏、秋三季茶。

●**春茶：**历代文献都有『以春茶为贵』的说法，由于春季温度适中、雨量充沛，加上茶树经头年秋冬季的休养，使得春茶芽叶硕壮饱满、色泽润绿、条索结实、身骨重实，所泡的茶浓醇爽口、香气高长、叶质柔软、无杂质。

●**夏茶：**夏季炎热，茶树新梢芽叶迅速生长，使得能溶解于水的浸出物含量相对减少，因此夏茶的茶汤滋味没有春茶鲜爽，香气不如春茶浓烈。从外观上看，夏茶叶肉薄，且多紫芽，还夹杂着少许青绿色的叶子。

●**秋茶：**秋天温度适中，且茶树经过春夏两季生长、采摘，新梢内物质相对减少。从外观上看，秋茶多丝筋，身骨轻飘。秋茶所泡成的茶汤淡，味平和，微甜。

茶叶如何贮藏

在日常生活中，要知道如何保存茶叶，就必须要先懂得茶叶会受到什么破坏，然后才能知道要如何保存才能避免这些事物对茶叶的损坏。

保存茶叶的方法

陶瓷坛储存法

陶瓷坛储存法就是用陶瓷坛储存茶叶，用以保持茶叶的鲜嫩，防止变质。

茶叶在放入陶瓷坛之前要用牛皮纸分别包好，分置在坛的四周，在坛中间摆放一个石灰袋，再在上面放茶叶包，等茶叶装满后，再用棉花盖紧。石灰可以吸收湿气，能使茶叶保持干燥不受潮，储存的效果更好，茶叶的保质时间可以延长。陶瓷坛储存方法特别适合一些名贵茶叶，尤其是龙井等茶。

玻璃瓶储存法

玻璃瓶储存法是将茶叶存放在玻璃瓶中，以保持茶叶的鲜嫩，防止茶叶变质。这种方法很常见，一般家庭中经常采用

这种方法，既简单又实用。

玻璃瓶要选择有色、清洁、干燥的。玻璃瓶准备好后，将干茶叶装入瓶子，至七八成满即可，然后用一团干净无味的纸团塞紧瓶口，再将瓶口拧紧。如果能用蜡或者玻璃膏封住瓶口，储存效果会更好。

铁罐储存法

铁罐在质地上没有什么区别，造型却很丰富。方的、圆的、高的、矮的、多彩的、单色的，而且在茶叶罐上还有丰富的绘画，大多都是跟茶相关的绘画。

在用铁罐储存前，首先要检查一下罐身与罐盖的密封度，如果漏气则不可以使用。如果铁罐没有问题，可以将干燥的茶叶装入，并将铁罐密封严实。铁罐储存法方便实用，适合平时家庭使用，但是却不适宜长期储存。

低温储存法

低温储存法是指将茶叶放置在低温环境中，用以保持茶叶的鲜嫩，防止变质。

低温储存法，一般都是将茶叶罐或者茶叶袋放在冰箱的冷藏室中，温度调为5℃左右为最适宜的温度。在这个温度下，茶叶可以保持很好的新鲜度，一般都可以保存一年以上。

·保存茶叶的禁忌事项·

忌受潮

茶叶在储存时一定要注意干燥，不要使茶叶受潮。茶叶中的水分是茶叶内的各种成分生化反应必需的媒介，茶叶的含水量增加，茶叶的变化速度也会加快，色泽会随之逐渐变黄，茶叶滋味和鲜爽度也会跟着减弱。如果茶叶的含水量达到10%，茶叶就会加快霉变速度。

忌接触异味

茶叶在保管时，一定要注意不能接触异味，茶叶如果接触异味，不仅会影响茶叶的味道，也会加速茶叶的变质。茶叶在包装时，就要保证严格按照卫生标准执行，确保在采摘、加工、储存的过程中没有异味污染，如果在前期有异味污染，那么后期保存无论多么注意，茶叶依然会很快变质。

忌高温保存

茶叶在保存时，一定要保持合适的低温环境，才能使茶叶的香味持久不变，如温度过高会使茶叶变质。

忌阳光照射

在保存茶叶时，一定要注意避光保存，因为阳光会使茶叶中的叶绿素物质氧化，从而使茶叶的绿色减退而变成棕黄色。阳光直射茶叶还会使茶叶中的有些芳香物质氧化，使茶叶产生"日晒味"，茶叶的香味自然也会受到影响，严重的还会导致茶叶变质。

忌长时间暴露

茶叶若长时间暴露在外面，空气中的氧气会促进茶叶中的化学成分如茶多酚、脂类、维生素C等物质氧化，使茶叶加速变质。

第2篇

初识一缕茶香

形色不一的茶叶，于清水中舒展着各自的柔软，
水淡茶浓，由涩转甘。从绿茶、红茶、乌龙茶到黑茶、黄茶、白茶，
带您领略茶文化的精华所在。

绿茶

——历史悠久——

　　绿茶是指采取茶树新叶，未经发酵，经杀青、揉捻、干燥等典型工艺制成的茶叶。由于绿茶未经发酵，因此茶性新鲜自然，而且还保留了茶叶中的成分。

　　绿茶在中国产量最大，位居六大初制茶之首，也是饮用最为广泛的一种茶。中国是世界主要的绿茶产地之一，其中以浙江、湖南、湖北、贵州等省份居多。名贵绿茶有西湖龙井、洞庭碧螺春、六安瓜片、信阳毛尖、千岛玉叶、南京雨花茶等。

　　绿茶，以汤色的碧绿清澈，茶汤中绿叶飘逸沉浮的姿态最为著名。

绿茶的分类

◎炒青绿茶

　　在加工过程中采用炒制的方法干燥而成的绿茶称为炒青绿茶。由于干燥过程中受到机械或手工操作的作用，成茶容易形成长条形、圆珠形、扇平形、针形、螺形等不同形状。

◎烘青绿茶

在加工过程中采用烘笼进行烘干的方法制成的绿茶称为烘青绿茶。烘青绿茶的香气一般不及炒青绿茶高，但也不乏少数品质特优的烘青名茶。

◎晒青绿茶

在加工过程中采用日光晒干的方法制成的绿茶称为晒青绿茶。晒青绿茶是绿茶里较独特的品种，它是将鲜叶锅炒杀青、揉捻后直接通过太阳光照射使之干燥的一种茶。

◎蒸青绿茶

在加工过程中通过高温蒸汽的方法将鲜叶杀青而制成的绿茶称为蒸青绿茶。蒸青绿茶的香气较闷，略带青气，其涩味较重，不及炒青绿茶那样鲜爽。

选购绿茶的窍门

◎**看颜色：** 凡色泽绿润，茶叶肥壮厚实，或有较多白毫者一般是春茶，也是上好的绿茶。

◎**看外形：** 扁形的绿茶以茶条扁平挺直、光滑、无黄点、无青绿叶梗者为佳；卷曲形或螺状的绿茶，以条索细紧、白毫或锋苗显露者为佳。

◎**闻香气：** 好的绿茶香气清新馥郁，且略带熟栗香。

西湖龙井

产地：浙江杭州西湖的狮峰、龙井、五云山、虎跑、梅家坞等地

西湖龙井茶，因产于中国杭州西湖的龙井茶区而得名，是中国的十大名茶之一。西湖龙井以"色绿、香郁、味醇、形美"著称，堪称我国第一名茶。

西湖龙井制于唐代，发展于南北宋时期，然而真正为普通百姓熟知，是在明代。西湖龙井以"狮（峰）、龙（井）、云（栖）、虎（跑）、梅（家坞）"排列品第。

"狮"字号西湖龙井是指狮峰山脚下的 18 棵茶树所产的茶叶。18 棵茶树加起来每年也只是产两三斤干茶，因此相当珍贵。

"龙"字号西湖龙井产于龙井山一带，包括翁家山、杨梅岭、满觉垅、白鹤峰等地所产的龙井茶。这些地方所产的龙井茶，自然品质佳，为西湖龙井茶消费者所称道。

"云"字号西湖龙井产于云栖、五云山、琅珰岭西一带。云字号西湖龙井茶和梅字号西湖龙井茶的风格基本一致，因它们原本就是一家，是之后才"分家"的。

"虎"字号西湖龙井指虎跑、四眼井、赤山埠、三台山等地所产的龙井茶。这些地方所产的西湖龙井茶最显著的特点是芽叶肥壮，芽锋显露。

"梅"字号西湖龙井产于梅家坞一带。梅家坞是龙井茶的主产地，产量约占全部龙井茶的三分之一。

【鉴】干茶

外形：挺直削尖，扁平挺秀，成朵匀齐，色泽翠绿。

气味：清香幽雅。

手感：细柔平滑。

【品】茶汤

香气：清高持久，香馥若兰。

汤色：杏绿青碧，清澈明亮。

口感：香郁味醇、甘鲜醇和，品饮后令人齿颊留香、甘泽润喉，回味无穷。

【观】叶底

嫩绿，匀齐成朵，芽芽直立，栩栩如生。

【贮藏】

西湖龙井极易受潮变质，所以采用密封、干燥、低温冷藏最佳。常用的保存方法是将茶叶包成 500 克一包，放入缸中（缸的底层铺有块状石灰）加盖密封收藏。为使得龙井茶的香气更加清香馥郁，滋味更加甘鲜醇和，须避免阳光直射，宜低温保存。

洞庭碧螺春

产地：江苏省苏州市洞庭山

　　碧螺春茶是中国十大名茶之一，属于绿茶。洞庭碧螺春产于江苏省苏州市洞庭山（今苏州吴中区），所以称作"洞庭碧螺春"。

　　洞庭碧螺春以形美、色艳、香浓、味醇闻名中外，具有"一茶之下，万茶之上"的美誉，盛名仅次于西湖龙井。

　　对于碧螺春之茶名由来，有两种说法：一种是康熙帝游览太湖时，品尝此茶后觉香味俱佳，因此取其色泽碧绿，卷曲似螺，春时采制，又得自洞庭碧螺峰等特点，钦赐此美名。另一种则是由一个动人的民间传说而来，说的是为纪念美丽善良的碧螺姑娘，而将其亲手种下的奇异茶树命名为碧螺春。

　　碧螺春一般分为7个等级，芽叶随级数越高，茸毛越少。只有细嫩的芽叶，巧夺天工的手艺，才能形成碧螺春色、香、味俱全的独特风格。

　　品赏碧螺春是一件颇有情趣的事。品饮时，先取茶叶放入透明玻璃杯中，以少许开水浸润茶叶，待茶叶舒展开后，再将杯斟满。一时间杯中犹如雪片纷飞，只见"白云翻滚，雪花飞舞"，观之赏心悦目，闻之清香袭人，端在手中，顿感其贵如珍宝，又宛如高级工艺品，令人爱不释手。

【鉴】干茶

外形：芽白毫卷曲成螺，叶显青绿色，条索纤细，色泽碧绿。

气味：清香淡雅，带花果香。

手感：紧细，略有粗糙质感。

【品】茶汤

香气：色淡香幽，鲜雅味醇。

汤色：碧绿清澈。

口感：鲜醇甘厚，鲜爽生津，入口香郁回甘。

【观】叶底

叶底幼嫩，均匀明亮，翠芽微显。

【贮藏】

传统碧螺春的贮藏方法是用纸包住茶叶，再与袋装块状石灰间隔放于缸中，进行密封处理。现在更多采用三层塑料保鲜袋包装，将碧螺春分层扎紧，隔绝空气；或用铝箔袋密封后放入 10℃的冰箱里冷藏，长达一年，其色、香、味依然犹如新茶。

安吉白茶

产地：浙江省安吉县

　　安吉白茶，产于浙江省安吉县。安吉白茶虽然名为白茶，实为绿茶，因为它是按照绿茶的加工方法制作而成的。

　　安吉白茶是一种珍稀的变异茶种，属于"低温敏感型"茶叶。其色白，是因为其加工原料采自一种嫩叶全为白色的茶树。

　　茶树产"安吉白茶"的时间很短，通常仅一个月左右。以原产地浙江安吉为例，春季，因叶绿素缺失，在清明前萌发的嫩芽为白色。在谷雨前，色渐淡，多数呈玉白色。谷雨后至夏至前，逐渐转为白绿相间的花叶。至夏，芽叶恢复为全绿，与一般绿茶无异。正因为神奇的安吉白茶是在茶叶特定的白化期内采摘、加工和制作的，所以茶叶经浸泡后，其叶底也呈现玉白色，这是安吉白茶特有的性状。

【鉴】干茶

外形：形略扁，挺直如针，芽头肥壮带茸毛，叶片玉白，茎脉翠绿。

气味：如"淡竹积雪"的奇逸之香。

手感：手感平滑软嫩。

【品】茶汤

香气：清香高扬。

汤色：清澈明亮，呈现玉白色。

口感：清润甘爽，鲜醇爽口，令人唇齿留香、甘味生津。

【观】叶底

嫩绿明亮，茶芽朵朵，叶脉绿色。

【贮藏】

安吉白茶成品茶中的叶绿素、醛类、酯类、维生素C等易与空气中的氧结合，氧化后的茶叶会使茶叶汤色变绿、变深，严重影响到安吉白茶的汤色的美感，同时也会使得茶水的营养价值大大降低，所以要密封保存，防止安吉白茶茶叶变质。

雁荡毛峰

产地：浙江省乐清市雁荡山

雁荡毛峰，又称雁荡云雾，旧称"雁茗"，雁山五珍之一，产于浙江省乐清市境内的雁荡山。这里山水奇秀，天开图画，是中国名山之一。

雁荡毛峰为雁荡地区著名的高山云雾茶，明代即列为贡茶，佳茗之声名闻遐迩。著名产茶区有龙渊背、斗蟀（室）洞及雁湖岗。

雁荡毛峰是在清明、谷雨间采摘，鲜叶标准为一芽一叶至一芽二叶初展。采回后，先经摊放，再在平锅内用双手杀青，投叶量约0.5千克，当锅中有水汽蒸腾时，一人从旁用扇子扇去。杀青至适度后，移入大圆匾中轻轻搓揉，然后初烘，初烘叶要经过摊凉，最后复烘干燥。烘干后，去除片末，及时装箱密封，以免走气失色。成品外形秀长紧结，茶质细嫩，色泽翠绿，芽毫隐藏是为上品。

雁荡毛峰冲泡时开水的温度在80℃左右，应选用玻璃、陶瓷制品器具，冲泡后茶叶徐徐下沉。观其茶形，别具茶趣。

【鉴】干茶

外形：秀长紧结，色泽翠绿。

气味：茶香高雅而味极佳。

手感：手感壮结平滑。

【品】茶汤

香气：香气高雅、浓郁。

汤色：浅绿明净。

口感：滋味甘醇、异香满口。

【观】叶底

嫩匀成朵，芽叶朵朵相连。

【贮藏】

日常饮用的雁荡毛峰茶，一定要保存在密封、干燥、低温的环境中，才不会变质。可用干燥箱或陶罐存放茶叶。罐内底部放置双层棉纸，罐口放置二层棉布而后压上盖子。此外还可用有双层盖子的罐子贮存，以纸罐较好。

普陀佛茶

普陀佛茶又称普陀山云雾茶，是中国绿茶类古茶品种之一，产于中国浙江普陀山。普陀山冬暖夏凉，四季湿润，土地肥沃，茶树大都分布在山峰向阳面和山坳避风的地方，为茶树的生长提供了十分优越的自然环境。普陀佛茶外形"似螺非螺，似眉非眉"，色泽翠绿披毫，香气馥郁芬芳，汤色嫩绿明亮，味道清醇爽口，又因其似圆非圆的外形略像蝌蚪，故亦称"凤尾茶"。

历史上普陀山所产茶叶属晒青茶，称"佛茶"，又名"普陀山云雾茶"，普陀佛茶历史悠久，约始于1000年前的唐代，其时佛教正在中国兴盛起来。寺院提倡僧人种茶、制茶，并以茶供佛。僧侣围坐品饮清茶，谈论佛经，客来敬茶，并以茶酬谢施主。

清康熙、雍正年间，佛茶始少量供应给朝山香客。清末，由于轮渡通航，香客及游览者大增，从而促进了佛茶的发展。

新中国成立后，茶园扩展较大，并建立了茶场。20世纪70年代末引进江苏碧螺春工艺，生产曲形茶，并定名为"普陀佛茶"。

【鉴】干茶

外形：紧细卷曲，绿润显毫。

气味：清香馥郁。

手感：柔软，有茸毛感。

【品】茶汤

香气：清香高雅。

汤色：黄而明亮。

口感：鲜美浓郁。

【观】叶底

芽叶成朵。

【贮藏】

日常饮用的普陀佛茶，一定要保存在密封、干燥、低温的环境中，才不会变质。可用有双层盖子的罐子贮存普陀佛茶，以纸罐较好。

六安瓜片

产地：安徽省六安市

六安瓜片是中国历史名茶，也是中国十大历史名茶之一，又称片茶，为绿茶特有的茶类，是通过独特的传统加工工艺制成的形似瓜子的片形茶叶。

六安瓜片不仅外形别致，制作工序独特，采摘也非常精细，是茶中不可多得的精品，更是我国绿茶中唯一去梗、去芽的片茶。因其外形完整，光滑顺直，酷似葵花子，又因产自六安一带，故称"六安瓜片"。

六安瓜片历史悠久，文化内涵丰厚。六安茶始于秦汉，长于唐宋，盛于明清。早在唐代，陆羽的《茶经》就有"庐州六安（茶）"之称。明嘉靖三十六年（1557 年）武夷茶罢贡后"齐山云雾"成为贡茶，直到清咸丰年间（1851～1861）贡茶制度终结，是历史上十余处贡茶中历时最长的。

六安瓜片冲泡后汤色一般是清爽爽的，没有一点的浑浊。在谷雨前十天采摘的茶草制作的新茶，泡后叶片颜色有淡青、青色的，不匀称。相近谷雨或谷雨后采摘的茶草制作的片茶，泡后叶片颜色一般是青色或深青的，而且匀称，茶汤相应也浓些，若时间稍长些青绿色也深些。

【鉴】干茶

外形：叶缘向外翻卷，呈瓜子状，单片不带梗芽，色泽宝绿，起润有霜。

气味：清香高爽，馥郁如兰。

手感：纹路清晰，略粗糙。

【品】茶汤

香气：醇正甘甜，香气清高。

汤色：嫩黄明净，清澈明亮。

口感：鲜爽醇厚，清新幽雅。

【观】叶底

嫩黄，厚实明亮。

【贮藏】

贮藏六安瓜片时，可先用铝箔袋包好再放入密封罐，必要时也可放入干燥剂，加强防潮，然后将六安瓜片放置在干燥、避光的地方，不要靠近带强烈异味的物品，且不能被积压，最好置于冰箱的冷藏库里冷藏保存。

黄山毛峰

黄山毛峰，为中国历史名茶，中国十大名茶之一。

由于"白毫披身，芽尖似峰"，黄山毛峰故得名"毛峰"。传说中，如果用黄山上的泉水烧热来冲泡黄山毛峰，热气会绕碗边转一圈，转到碗中心就直线升腾，约有一尺高，然后在空中转一圆圈，化成一朵白莲花，那白莲花又慢慢上升化成一团云雾，最后散成一缕缕热气飘荡开来。这便是白莲奇观的故事。

该茶属于徽茶，产于安徽省黄山，由清代光绪年间谢裕泰茶庄所创制。由于新制茶叶白毫披身，芽尖如锋芒，且鲜叶采自黄山高峰，遂将该茶取名为黄山毛峰。该茶是在每年的清明谷雨，选摘初展肥壮嫩芽，后经手工炒制而成的。

黄山毛峰条索细扁，形似"雀舌"，带有金黄色鱼叶（俗称"茶笋"或"金片"，有别于其他毛峰的特征之一）；芽肥壮、匀齐、多毫；香气清鲜高长。

1955年，黄山毛峰以其独特的"香高、味醇、汤清、色润"，被誉为茶中精品，于是被评为"中国十大名茶"之一。1986年，黄山毛峰被外交部选为外事活动礼品茶，成为国际友人和国内游客馈赠亲友的佳品。

【鉴】干茶

外形：细嫩稍卷，形似"雀舌"，色似象牙，嫩匀成朵，片片金黄。

气味：馥郁如兰，清香扑鼻。

手感：紧细而不平整。

【品】茶汤

香气：清鲜高长，韵味深长。

汤色：绿中泛黄，清碧杏黄，汤色清澈明亮。

口感：浓郁醇和，滋味醇甘。

【观】叶底

肥壮成朵，厚实鲜艳，嫩绿中带着微黄。

【贮藏】

须将黄山毛峰放在密封、干燥、低温、避光的地方，以避免茶叶中的活性成分氧化加剧。家庭贮藏黄山毛峰时多采用塑料袋进行密封，再将塑料袋放入密封性较好的茶叶罐中，于阴凉、干爽处保存，这样也能较长时间保持住茶叶的香气和品质。

太平猴魁

产地：产于安徽省黄山市北麓的黄山区新明、龙门、三口一带

太平猴魁属绿茶类尖茶，是中国历史名茶，创制于 1900 年，产于安徽省黄山市北麓的黄山区（原太平县）新明、龙门、三口一带，曾出现在非官方评选的"十大名茶"之列中。

太平猴魁外形两叶抱芽，扁平挺直，自然舒展，白毫隐伏，有"猴魁两头尖，不散不翘不卷边"之称。太平猴魁在谷雨至立夏之间采摘，茶叶长出一芽三叶或四叶时开园，立夏前停采。

优质太平猴魁的色泽具有与其他名茶明显不同的特征——干茶色泽"苍绿匀润"。"苍绿匀润"中"苍绿"是高档猴魁的特有色泽，所谓"苍绿"，说白了是一种深绿色，"匀润"即茶条绿得较深且有光泽，色度很匀不花杂、毫无干枯暗象。

太平猴魁滋味鲜爽醇厚，回味甘甜，泡茶时即使放茶过量，也不苦不涩。不精茶者饮用时常感清淡无味，有人云其"甘香如兰，幽而不冽，啜之淡然，似乎无味。"

【鉴】干茶

外形：肥壮细嫩，色泽苍绿匀润。

气味：香气高爽，带有一种兰花香味。

手感：叶底嫩匀，有轻轻细嫩的感觉。

【品】茶汤

香气：香浓甘醇。

汤色：清澈明亮。

口感：鲜爽醇厚。

【观】叶底

嫩匀肥壮，枝枝成朵，色泽嫩绿明亮。

【贮藏】

一般家庭保存太平猴魁都是采用石灰保存法，采用这种方法时，可以找一个口小腰大，不会漏气的陶坛作为盛放器。至于生石灰，一般的食品包装袋中都会带上一小包干燥剂，干燥剂的主要成分就是生石灰，把干燥剂用棉布包着放在茶叶中就行了。

庐山云雾

产地：江西庐山

　　庐山云雾茶属于绿茶，因产自中国江西的庐山而得名。庐山云雾茶始产于汉代，最早是一种野生茶，后东林寺名僧慧远将其改造为家生茶，曾有"闻林茶"之称，现已有一千多年的栽种历史，宋代列为"贡茶"，是中国十大名茶之一。从明代开始规模生产庐山云雾茶，很快闻名全国。明代万历年间的李日华《紫桃轩杂缀》即云："匡庐绝顶，产茶在云雾蒸蔚中，极有胜韵。"其茶汤清淡，宛若碧玉，味似龙井却更为醇香。

　　庐山云雾茶是庐山的地方特产之一，由于长年受庐山流泉飞瀑的亲润，形成了独特的"味醇、色秀、香馨、液清"的醇香品质，更因其六绝"条索清壮、青翠多毫、汤色明亮、叶好匀齐、香郁持久、醇厚味甘"而著称于世，被评为绿茶中的精品，更有诗赞曰："庐山云雾茶，味浓性泼辣，若得长时饮，延年益寿法。"

　　泡庐山云雾茶的最高境界是能泡出庐山云雾茶的醇厚、清香、甘润等各种味道，喝到嘴里层次分明、醇厚甘香，只觉茅塞顿开、神清气爽。

　　1971年，庐山云雾茶被列入中国绿茶类的特种名茶名单。1985年获全国优质产品银牌奖。1989年获首届中国食品博览会金牌奖。

【鉴】干茶

外形：紧凑秀丽，芽壮叶肥，青翠多毫，色泽翠绿。

气味：幽香如兰，鲜爽甘醇。

手感：细碎轻盈。

【品】茶汤

香气：鲜爽持久，浓郁高长，隐约有豆花香。

汤色：浅绿明亮，清澈光润。

口感：滋味深厚，醇厚甘甜，入口回味香绵。

【观】叶底

嫩绿匀齐，柔润带黄。

【贮藏】

选择铁罐、米缸、陶瓷罐等，铺上生石灰或硅胶，将茶叶干燥后用纸包住，扎紧细绳后一层层地放入，最后密封即可。待生石灰吸潮风化则更换，一般每隔 1 ~ 2 个月更换 1 次，若用硅胶，则待硅胶吸水变色后，拿出烘干再继续放入使用。

信阳毛尖

产地：河南省信阳市

信阳毛尖，亦称"豫毛峰"，是河南省著名特产之一，被列为中国十大名茶之一。

信阳毛尖早在唐代就已成为朝廷贡茶，在清代则跻身为全国名茶之列，素以"细、圆、光、直、多白毫、香高、味浓、汤色绿"的独特风格而饮誉中外。北宋时期的大文学家苏东坡曾赞叹道："淮南茶，信阳第一。"

民国时期，茶叶生产继清朝之后，又得到大力发展，名茶生产技术日渐完善。信阳茶区又先后成立了五大茶社，加上清朝的三大茶社统称为"八大茶社"。由于"八大茶社"注重制作技术的引进、消化与吸收，信阳毛尖加工技术得到完善。

到了近现代，信阳茶叶生产得到更大的发展，信阳毛尖茶生产技术得到推广，生产区域不断扩大。到1993年，信阳的师河区（原信阳市）、平桥区（原信阳县）、罗山县、潢川县、固始县、光山县、商城县、新县、息县七县二区都有信阳毛尖茶生产。

信阳毛尖享誉世界，屡次在名茶评比中获奖。时至今日，信阳毛尖更成为有着丰富内涵、体现国家茶文化精髓的文化使者。

【鉴】干茶

外形：纤细如针，细秀匀直，色泽翠绿光润，白毫显露。

气味：清香扑鼻。

手感：粗细均匀，紧致光滑。

【品】茶汤

香气：清香持久。

汤色：汤色清澈，黄绿明亮。

口感：鲜浓醇香，醇厚高爽，回甘生津，令人心旷神怡。

【观】叶底

细嫩匀整，嫩绿明亮。

【贮藏】

信阳毛尖宜在 0 ~ 6℃ 的环境下保存，可放置在冰箱冷藏，用不锈铁质罐装好后密封起来，外裹两层塑料薄膜。干燥茶叶容易吸附异味，因此存放的环境宜干燥，避免高温、光照，时时保持清洁、卫生，并远离化肥、农药、油脂及霉变物质。

竹叶青

产地： 四川省峨眉山

峨眉竹叶青是在总结峨眉山万年寺僧人长期种茶制茶经验的基础上发展而成的，于1964 年由陈毅命名，此后开始批量生产。

据悉，1964 年陈毅陪周总理出访亚非后，忙里偷闲，与乔冠华、黄镇等同志度假峨眉山。在万年寺，当家和尚以香茶款待陈毅一行，陈老总品后便问："这是什么茶？很不错嘛！"和尚告之乃寺中自产的无名茶，有人趁势建议陈老总给起个名字，陈老总沉吟片刻，说道："这茶泡开之后如竹叶，汤色亦如竹之翠绿，味道也如苦竹叶清香回甜，我看就叫'竹叶青'吧！"从此，"竹叶青"的芳名便不胫而走。

其实，四川峨眉山产茶历史悠久，早在晋代就很有名气。据《峨嵋读志》载："峨眉山多药草，茶尤好，异于天下；今水寺后的绝顶处产一种茶，味初苦终甘，不减江南春采。"宋代苏东坡题诗赞曰："我今贫病长苦饥，盼无玉腕捧峨眉。"

竹叶青茶采用的鲜叶十分细嫩，加工工艺十分精细。竹叶青茶扁平光滑色翠绿，是形质兼优的礼品茶。

1985 年，竹叶青茶在葡萄牙举行的第 24 届国际食品质量博览会上获金质奖。1988 年，又荣获中国食品博览会金奖。

【鉴】干茶

外形：形似竹叶，嫩绿油润。

气味：气味芳香、明清。

手感：手感细嫩光滑。

【品】茶汤

香气：高鲜馥郁。

汤色：黄绿明亮。

口感：香浓味爽。

【观】叶底

嫩绿匀整。

【贮藏】

日常饮用的竹叶青茶一定要保存在密封、干燥、低温的环境中，才不会变质。可用陶罐存放茶叶，罐内底部放置双层棉纸，罐口放置二层棉布而后压上盖子。也可用有双层盖子的罐子贮存，以纸罐较好。

都匀毛尖

产地：贵州都匀市（属黔南布依族苗族自治州）

都匀毛尖由毛泽东于 1956 年亲笔命名，又名"白毛尖""细毛尖""鱼钩茶""雀舌茶"，是贵州三大名茶之一，中国十大名茶之一。

在明代，都匀毛尖已为贡品敬奉朝廷，深受崇祯皇帝喜爱，因形似鱼钩，被赐名"鱼钩茶"。1915 年，曾获巴拿马茶叶赛会优质奖。1982 年被评为中国十大名茶之一。

都匀毛尖的色、香、味、形均有独特个性，其颜色鲜润、干净，不含杂质，香气高雅、清新，味道鲜爽、醇香、回甘。其品质优佳，形可与太湖碧螺春并提，质能同信阳毛尖媲美。著名茶界前辈庄晚芳先生曾写诗赞曰："雪芽芳香都匀生，不亚龙井碧螺春。饮罢浮花清爽味，心旷神怡功关灵！"

都匀毛尖茶清明前后开采，采摘标准为一芽一叶初展，长度不超过 2 厘米。采回的芽叶必须经过精心拣剔，剔除不符要求的鱼叶、叶片及杂质等物，要求叶片细小短薄，嫩绿匀齐。摊放 1 ~ 2 小时，表面水分蒸发干净即可炒制。炒制全凭一双技巧熟练的手在锅内炒制，一气呵成完成杀青、揉捻、搓团提毫、干燥四道工序。

【鉴】干茶

外形：条索卷曲，翠绿油润。

气味：高雅、清新，气味纯嫩。

手感：卷曲不平，短粗。

【品】茶汤

香气：清高幼嫩。

汤色：清澈明亮。

口感：鲜爽回甘。

【观】叶底

叶底明亮，芽头肥壮。

【贮藏】

都匀毛尖是一种非常受大众喜欢的茶叶。如此好的茶叶，买回家一旦开封却得不到良好的保存被白白浪费掉未免就可惜了。将买回的茶叶，立即分成若干小包，装于茶叶罐或筒里，最好一次装满并盖上盖，在不用时不要打开，用完把盖盖严。

红茶
风靡世界

　　红茶的鼻祖在中国，世界上最早的红茶由中国福建武夷山茶区的茶农发明，名为"正山小种"。红茶属于全发酵茶类，是以茶树的芽叶为原料，经过萎凋、揉捻（切）、发酵、干燥等典型工艺精制而成。

　　红茶干茶经过完全发酵，茶叶内含的物质完全氧化，因此干茶色泽乌黑润泽。红茶干茶条索匀整或颗粒均匀；红茶茶汤汤色红亮；滋味浓厚鲜爽，甘醇厚甜，口感柔嫩滑顺；叶底整齐，呈褐色。

　　红茶的种类较多，产地较广。其中祁门红茶闻名天下，工夫红茶和小种红茶处处留香。中国红茶品种主要有：金骏眉、正山小种、祁门红等。

红茶的分类

◎小种红茶

　　小种红茶是福建省的特产，小种红茶中最知名的当属正山小种。

◎工夫红茶

工夫红茶从小种红茶演变而来，较著名的品种有滇红工夫、祁门工夫红茶。

◎红碎茶

红碎茶是国际茶叶市场的大宗产品，包括滇红碎茶、南川红碎茶等品种。

◎混合茶

混合茶通常是指茶和茶的混合，是将不同品种的红茶搭配制成的。

◎调味茶

调味茶通常是指在红茶中混入水果、花、香草等香味制成的茶。

选购红茶的窍门

看外形： 好的红茶茶芽较多、高，小叶种红茶条形细紧，大叶种红茶肥壮紧实，色泽乌黑有油光，茶条上金色毫毛较多。

看颜色： 汤色红艳，碗壁与茶汤接触处有一圈金黄色的光圈。

闻味道： 上等红茶香气甜香浓郁。

看产地： 购买红茶前，先要了解红茶的产地，每个产地不同茶区生产的茶叶及调制方法不同，口味也不同。

看包装： 茶包通常都是碎红茶，冲泡时间短，适合上班族饮用，如果要喝产地茶或特色茶，最好买罐装红茶。

九曲红梅

产地：浙江省西湖区周浦乡

九曲红梅简称"九曲红"，因其色红香清如红梅，故称九曲红梅，是杭州西湖区另一大传统拳头产品，是红茶中的珍品。

九曲红梅茶产于西湖区周浦乡的湖埠、上堡、大岭、张余、冯家、灵山、社井、仁桥、上阳、下阳一带，尤以湖埠大坞山所产品质最佳。九曲红梅采摘标准要求一芽二叶初展，经杀青、发酵、烘焙而成，关键在发酵、烘焙。

据考证，九曲红梅鼎盛时期是在清末民初，有 10 个品牌、15 个名称。据西湖区政府调查，1886 年九曲红梅获得巴拿马食品博览会金奖。1929 年，九曲红梅跻身首届西湖博览会中国十大名茶之一。

2002 年、2004 年、2008 年，九曲红梅先后获中国精品名茶博览会金奖、中国蒙顶山杯名茶博览会金奖和中国（国际）名茶博览会金奖，在 2011 年中国农产品品牌博览会获得优质农产品金奖。"九曲红梅茶制作技艺"分别于 2006 年和 2009 年被列入杭州市非物质文化遗产、浙江省非物质文化遗产。2013 年，参加杭州优质红茶评比，获优质红茶金奖。

【鉴】干茶

外形：弯曲如钩，乌黑油润。

气味：高长而带松烟香般的气味。

手感：茶叶条索疏松，手感较差。

【品】茶汤

香气：香气芬馥。

汤色：红艳明亮。

口感：浓郁回甘。

【观】叶底

红艳成朵。

【贮藏】

九曲红梅的储藏一般用坛或甏等陶器为好，也可用其他储藏用具，如锡罐、竹筒等。用 2500 克左右干燥的木炭放在小口坛的底部，然后放上 2500 克九曲红梅，并放置少量的玫瑰花瓣，再把坛子口封好，过半年左右换一次木炭或拿出来晒一次。

宜兴
红
茶

产地：江苏省宜兴市
. . . .

宜兴红茶，又称阳羡红茶，因其兴盛于江南一带，故享有"国山茶"的美誉。

在品种上，人们了解较多的一般都是祁红以及滇红，再细分则有宜昌的宜红和小种红茶。在制作上则有手工茶和机制茶之分。

宜兴红茶源远流长，唐朝时已誉满天下，尤其是唐朝年间有"茶圣"之称的卢仝曾有诗句云"天子未尝阳羡茶，百草不敢先开花"，将宜兴红茶的文化底蕴推向了极致。

清代的几百年间，随着经济发展和社会变迁，宜兴茶业起起落落，但上层名流、文人雅士，仍然十分喜好阳羡茶，并由饮茶而推崇紫砂壶，使紫砂壶达到鼎盛时期。民国以来，到茶馆品茶已成为有些宜兴人日常生活中不可缺少的一部分。

新中国成立后，特别是改革开放以来，宜兴的茶叶生产得到了较快的发展，茶园面积从建国初期的 667 公顷发展到现在的 5000 公顷，茶园面积、茶叶产量均居江苏省之首。2002 年，宜兴成为全国首批 20 个无公害茶叶生产示范基地市（县）之一。

【鉴】干茶

外形：紧结秀丽，乌润显毫。

气味：隐显玉兰花香。

手感：手感匀细。

【品】茶汤

香气：清鲜纯正。

汤色：红艳鲜亮。

口感：鲜爽醇甜。

【观】叶底

鲜嫩红匀，稍暗者为佳。

【贮藏】

宜兴红茶属全发酵茶，一般不用放在冰箱中冷冻，只要将密封好的茶叶罐放在室内的阴凉处即可。但一定要注意避光，以防止叶绿素和其他成分发生光催化反应，引起茶叶氧化变质。

金骏眉

产地：福建省武夷山市

　　金骏眉，于2005年由福建武夷山正山茶业首创研发，是在正山小种红茶传统工艺的基础上，采用创新工艺研发的高端红茶。该茶茶青为野生茶芽尖，摘于武夷山国家级自然保护区内海拔1 200～1 800米的高山原生态野茶树，6～8万颗芽尖方制成500克金骏眉，是可遇不可求的茶中珍品。其外形黑黄相间，乌黑之中透着金黄，显毫香高。

　　金骏眉干茶条索匀称紧结，每一条茶芽条索的颜色都是黑色居多，略带金黄色，绒毛较少方为上品。

　　金骏眉为纯手工红茶，一般不用洗茶，在冲泡前用少量温水进行温润后，再注水冲泡，口味更佳。建议选用红茶专用杯组或者高脚透明玻璃杯来泡茶，这样在冲泡时既可以享受金骏眉茶冲泡时清香飘逸的茶香，又可以欣赏金骏眉芽尖在水中舒展的优美姿态。

【鉴】干茶

外形： 圆而挺直，金黄油润。

气味： 带有复合型的花果香。

手感： 手感重实。

【品】茶汤

香气： 清香悠长。

汤色： 金黄清澈。

口感： 甘甜爽滑。

【观】叶底

呈金针状。

【贮藏】

存放金骏眉时要注意避光保存，阳光直射会破坏茶叶中的成分，使茶叶的色泽和味道发生改变。金骏眉在存放过程中，还要做到密封保存。如果茶叶长时间在空气中，会被空气中的氧气氧化，那样金骏眉茶叶的品质就变差了。

正山小种

产地：福建省武夷山市

正山小种红茶，是世界红茶的鼻祖，又称拉普山小种，是中国生产的一种红茶，茶叶是用松针或松柴熏制而成，有着非常浓烈的香味。因为熏制的原因，茶叶呈黑色，但茶汤为深红色。正山小种产地在福建省武夷山市，受原产地保护。正山小种红茶是最古老的一种红茶，后来在正山小种的基础上发展了工夫红茶。

正山小种红茶冲泡后汤色呈深金黄色，有金圈者为上品，汤色浅、暗、浊次之。滋味要求持一股纯、醇、顺、鲜松烟香，茶味醇厚，桂圆干香味回甘久长为好，淡、薄、粗、杂滋味是较差的。叶底看叶张嫩度柔软肥厚、整齐、发酵均匀呈古铜色的是高档茶。

历史上，正山小种红茶最辉煌的年代在清朝中期。据史料记载，嘉庆前期，中国出口的红茶中有85%被冠以正山小种红茶的名义。在正山小种红茶享誉海外的同时，福建的宁德、安徽的祁门等地也开始学习正山小种红茶的种植加工技术，正山小种红茶的加工技艺也逐渐地传入国内各大绿茶、乌龙茶、普洱茶产区，最终形成了如今闻名全国的工夫红茶。

【鉴】干茶

外形：紧结匀整，铁青带褐。

气味：带有天然花香。

手感：手感油润。

【品】茶汤

香气：细而含蓄。

汤色：橙黄清明。

口感：味醇厚甘。

【观】叶底

肥软红亮。

【贮藏】

正山小种红茶保管简易，只要常规常温密封保存既可。因其是全发酵茶，一般存放一两年后松烟味会进一步转换为干果香，滋味变得更加醇厚而甘甜。茶叶越陈越好，陈年（三年）以上的正山小种味道特别的醇厚、回甘。

宁红工夫

产地：江西修水县

修水古称宁州，所产红茶取名宁红工夫茶，简称宁红。

修水县位于江西省西北部，北抵幕阜山脉，南临九岭水脉，修水上游，修河蜿蜒其中。邻接湖北、湖南两省。这里山林苍翠，土质肥沃，雨量充沛，气候温和。每年春夏之间，云凝深谷，雾绕山岗奇峰，两岸翠峰叠嶂，佳木葱郁，云海缥缈，兼之土壤肥沃，蔚为奇景，雨过乍晴，阳光疏落。这种气候环境非常有利于茶树的生长，为宁红工夫茶生长创造了得天独厚的自然条件。

宁红工夫茶，属于红茶类，是我国最早的工夫红茶之一。远在唐代时，修水县就已盛产茶叶，生产红茶则始于清朝道光年间，到19世纪中叶，宁州工夫红茶已成为当时著名的红茶之一。1914年，宁红工夫茶参加上海赛会，荣获"茶誉中华，价甲天下"的大匾。

新中国成立后，宁红工夫茶得以迅速发展，现种植面积达6000公顷左右，一批批新的高额丰产茶园正在茁壮成长，茶叶初制厂遍布各乡。在1985年全国优质食品评比会上宁红工夫茶博得专家高度赞誉，荣获国家银质奖。1988年在中国首届食品博览会上评选为金奖。

【鉴】干茶

外形：紧结秀丽，乌黑油润。

气味：香醇而持久。

手感：手感丰厚。

【品】茶汤

香气：香味持久。

汤色：红艳清亮。

口感：浓醇甜和。

【观】叶底

红亮匀整，红嫩多芽。

【贮藏】

日常饮用的宁红工夫茶一定要保存在密封、干燥、常温的环境中，才不会变质。家庭储藏宁红工夫茶时可以将其放入冰箱冷藏室内，但应注意不可与有刺激性味道的食物同时储藏。

祁门红茶

产地：安徽省祁门县，石台、东至、黟县、贵池等县也有少量生产

　　工夫红茶是中国特有的红茶。祁门红茶是中国传统工夫红茶中的珍品。祁门红茶以外形苗秀、色有"宝光"和香气浓郁著称，享有盛誉。祁门红茶于1875年创制，有百余年的生产历史，是中国传统出口商品，也被誉为"王子茶"，还被列为我国的国事礼茶，与印度的大吉岭红茶、斯里兰卡的乌瓦红茶并称为"世界三大高香茶"。

　　祁门红茶的品质超群，与其优越的自然生态环境条件是分不开的。祁门多山脉，峰峦叠嶂、山林密布、土质肥沃、气候温润，而茶园所在的位置有天然的屏障、酸度适宜的土壤、丰富的水分，因此能培育出优质的祁门红茶。

　　祁门红茶采制工艺精细，采摘一芽二、三叶的芽叶做原料，经过萎凋、揉捻、发酵，使芽叶由绿色变成紫铜红色，香气透发，然后进行文火烘焙至干成红毛茶。红毛茶制成后，还须进行精制，精制工序复杂花工夫，须经毛筛、抖筛、分筛、紧门、撩筛、切断、风选、拣剔、补火、清风、拼和、装箱而制成。

　　祁门红茶冲泡后汤色红艳，滋味醇厚，回味隽永。通常可冲泡三次，三次的口感各不相同，细饮慢品，徐徐体味茶之真味，方得茶之真趣。

【鉴】干茶

外形： 条索紧细纤秀，乌黑油润。

气味： 馥郁持久，纯正高远。

手感： 细碎零散，略显轻盈。

【品】茶汤

香气： 带兰花香，清香持久。

汤色： 红艳透明。

口感： 醇厚回甘，浓醇鲜爽，带有蜜糖香味。

【观】叶底

叶底嫩软，鲜红明亮。

【贮藏】

选用干燥、无异味、密闭的陶瓷坛，用牛皮纸包好茶叶，分置于坛的四周，中间放石灰袋一个，上面再放茶叶包，装满坛后用棉花包盖紧。石灰隔 1～2 个月更换一次，这样可利用生石灰的吸湿性能，使茶叶不受潮，贮藏效果较好。

滇红工夫

产地：云南省临沧市

滇红工夫茶创制于 1939 年，产于滇西南，属大叶种类型的工夫茶，是中国工夫红茶的新葩。其以外形肥硕紧实、金毫显露和香高味浓的品质独树一帜、著称于世，茶叶的多酚类化合物、生物碱等成分含量更是高居中国茶叶之首。

滇红工夫因采制时期不同，其品质具有季节性变化，一般春茶比夏、秋茶好。春茶条索肥硕，身骨重实，净度好，叶底嫩匀。夏茶正值雨季，芽叶生长快，节间长，虽芽毫显露，但净度较低，叶底稍显硬、杂。秋茶正处干凉季节，茶树生长代谢作用转弱，成茶身骨轻，净度低，嫩度不及春、夏茶。

滇红工夫茸毫显露为其品质特点之一。其毫色可分淡黄、菊黄、金黄等类。凤庆、云县、昌宁等地工夫茶，毫色多呈菊黄；勐海、双江、临沧、普文等地工夫茶，毫色多呈金黄。同一茶园春季采制的茶叶一般毫色较浅，多呈淡黄，夏茶毫色多呈菊黄，唯秋茶多呈金黄色。

滇红工夫冲泡后内质香郁味浓。香气以滇西茶区的云县、凤庆、昌宁为好，尤其是云县部分地区所产的工夫茶，香气高长，且带有花香。滇南茶区工夫茶滋味浓厚、刺激性较强，滇西茶区工夫茶滋味醇厚、刺激性稍弱，但回味鲜爽。

【鉴】干茶

外形：紧直肥壮，乌黑油润。

气味：气味馥郁。

手感：油润光滑。

【品】茶汤

香气：高醇持久。

汤色：红浓透明。

口感：浓厚鲜爽。

【观】叶底

红匀明亮。

【贮藏】

日常饮用的滇红工夫茶一定要保存在密封、干燥、常温、避光的环境中，才不会变质。
尤其要注意阳光的照射会破坏茶叶中的维生素C，并且会改变茶叶的色泽、味道，
所以茶叶应放在阴暗处或者存放于不透明的容器中。

川红工夫

产 地： 四川省宜宾市

川红工夫是中国三大高香红茶之一，是 20 世纪 50 年代创制的工夫红茶。川红工夫精选本土优秀茶树品种种植，以提采法甄选早春幼嫩饱满芽叶精制而成。顶级产品以金芽秀丽，芽叶显露，香气馥郁，回味悠长为品质特征。川红工夫之珍品"早白尖"更是以条索紧细，毫锋显露，色泽乌润，香气鲜嫩浓郁的品质特点获得了人们的高度赞誉。

川红工夫为工夫红茶的后起之秀，以早、嫩、快、好的显著特点及优良品质获得了国际社会的高度赞誉。

川红工夫生产于川东南地区，茶园地势较高，茶树发芽早，比川西茶区早30 ～ 40 天，采摘期长 40 ～ 60 天，全年采摘期长达 210 天以上。秋茶产量占全年的26% ～ 30%。

川红工夫茶的采摘标准对芽叶的嫩度要求较高，基本上是以一芽二、三叶为主的鲜叶制成。20 世纪 50 ～ 70 年代，"川红"一直沿袭古代贡茶制法，具有浓郁的花果或橘糖香。20 世纪 70 年代后，为了适应国际市场的需求，改用人工加温萎凋，揉捻机揉制，烘干机烘干的制法。

【鉴】干茶

外形：肥壮圆紧，乌黑油润。

气味：清幽中带有橘糖香。

手感：手感光滑。

【品】茶汤

香气：香气清鲜。

汤色：浓亮鲜丽。

口感：醇厚鲜爽。

【观】叶底

厚软红匀。

【贮藏】

茶叶应避潮湿高温，不可与清洁剂、香料、香皂等共同保存，以保持茶叶的纯净。最好放在茶叶罐里，移至阴暗、干爽的地方保存，开封后的茶叶最好尽快喝完，不然味道和香气会流失殆尽。

湖红工夫

产地：湖南省益阳市安化县
....

　　湖红工夫是中国历史悠久的工夫红茶之一，对中国工夫茶的发展起到十分重要的作用。湖南省也是我国茶叶的发祥地之一，《汉志》有"茶陵以山谷产茶而名之"的记载，茶陵也称"茶王城"，绕城而过的沫水亦称为"茶水"。茶学泰斗吴觉农先生指出："湖南可以生产出和祁门、宜昌一样为国外所欢迎的高香红茶。"

　　湖红工夫茶主产于湖南省安化、桃源、涟源、邵阳、平江、浏阳、长沙等县市。湖红工夫以安化工夫为代表，外形条索紧结尚肥实，香气高，滋味醇厚，汤色浓，叶底红稍暗。

　　湖红工夫茶主要产地安化一带位于湘西的中间地段，那里处于雪峰山脉，两岸山峰沅水经流，遍地的茶树不种自生。

【鉴】干茶

外形：条索紧结，色泽乌润。

气味：香高而味厚。

手感：手感茸滑。

【品】茶汤

香气：香高持久。

汤色：红浓尚亮。

口感：醇厚爽口。

【观】叶底

嫩匀红亮。

【贮藏】

将待藏茶叶用软白纸包好后，外扎牛皮纸包好，置于坛内四周，中间嵌入 1～2 只石灰袋，再在上面覆盖已包装好的茶包，如此装满为止。装满坛子后，用数层厚草纸密封坛口，压上厚木板，以减少外界空气进入。

黑茶

独具陈香

　　黑茶属于后发酵茶，由于采用的原料粗老，在加工制作过程中堆积发酵的时间也比较长，因此叶色多呈现暗褐色，故称为黑茶。

　　黑茶是最紧压茶的原料，因此也被称为紧压茶。黑茶是我国特有的茶叶品种，需要经过杀青、揉捻、渥堆、复糅合烘焙五道工序。在地域分布上，黑茶的产地有我国的湖南、四川、云南、广西北族自治区，品种主要有湖南黑茶、四川黑茶、云南普洱茶等。

　　黑茶茶汤一般为深红、暗红或者亮红色，不同种类的黑茶有一定的差别。优质黑茶茶汤顺滑，入口后茶汤与口腔、喉咙接触不会有刺激、干涩的感觉，茶汤滋味醇厚，有回甘。

黑茶的分类

◎湖南黑茶

　　湖南黑茶专指产自湖南的黑茶，包括安化黑茶等。

◎湖北老青茶

湖北老青茶是以老青茶为原料，蒸压成砖形的黑茶，包括蒲圻老青茶等。

◎四川边茶

四川边茶又分南路边茶和西路边茶两种，其成品茶品质优良，经熬耐泡。

◎滇桂黑茶

滇桂黑茶专指生产于云南和广西的黑茶，属于特种黑茶，香味以陈为贵，包括普洱茶、六堡茶等。

·选购黑茶的窍门·

观外形： 看干茶色泽、条索、含梗量。紧压茶砖面完整，模纹清晰，棱角分明，侧面无裂缝；散茶条索匀齐、油润则品质佳。

看汤色： 橙黄明亮，陈茶汤色红亮如琥珀。

闻香气： 闻干茶香，黑茶有发酵香，带甜酒香或松烟香。陈茶有陈香。

品滋味： 初泡入口甜、润、滑，味厚而不腻，回味甘甜；中期甜纯带爽，入口即化；后期汤色变浅后，茶味仍沉甜纯，无杂味。

普洱砖茶

产 地：云南省普洱市

　　普洱砖茶产于云南省普洱市，精选云南乔木型古茶树的鲜嫩芽叶为原料，以传统工艺制作而成。所有的砖茶都是经蒸压成型的，但成型方式有所不同。如黑砖、花砖、茯砖、青砖是用机压成型；康砖茶则是用棍锤筑造成型。

　　史料记载普洱砖茶出现于光绪年间，很多产茶地开始制作砖茶。由于从前茶农交给晋商的散装品体积大、重量轻、运输不便，且须将茶叶装入竹篓，踩压结实后，再行载运，颇有耗损。为了适应茶商的要求，而出现了砖茶生产。

　　选购普洱茶时，应注意外包装一定要尽量完整，无残损，茶香陈香浓郁，轻轻摇晃包装，以无散茶者为佳。

　　冲泡普洱砖茶宜选用腹大的壶，因为普洱茶的浓度高，用腹大的壶可避免茶汤过浓。建议选陶壶、紫砂壶。

　　冲泡普洱时茶叶分量大约占壶身的 20%，最好将茶砖、茶饼拨开后，暴露于空气中两星期，再冲泡味道更棒！

【鉴】干茶

外形：端正均匀。

气味：陈香浓郁。

手感：肥软光滑。

【品】茶汤

香气：有明显的樟香味。

汤色：红浓清澈。

口感：醇厚浓香。

【观】叶底

肥软红褐。

【贮藏】

普洱砖茶只要放在无异味、相对比较干净的地方就可以了。主要是不要受到阳光直射、不要过度通风、不要受潮。普洱茶不需要密封保存，但是要经常看看，避免受潮发霉或者虫蛀就可以了。

云南七子饼

产地： 云南省大理市

七子饼茶，是中外历史上，用国家法律来规定外形、重量、包装规格的唯一茶品。"圆如三秋皓月，香于九畹之兰。"这是乾隆皇帝对七子饼茶的品评。

七子饼茶属于紧压茶，它是将茶叶加工紧压成外形美观酷似满月的圆饼茶，然后将每七块茶饼包装为一筒，故得名"七子饼茶"。

云南七子饼亦称"圆饼"，以普洱散茶为原料，经多道工序精制而成，是云南普洱茶中的著名产品。系选用云南一定区域内的大叶种晒青毛茶为原料，适度发酵，经高温蒸压而成，具有滋味醇厚、回甘生津、经久耐泡的特点。该茶保存于适宜的环境下越陈越香。

七子饼茶有生饼、熟饼之分。生饼以云南大叶种晒青毛茶为原料直接蒸压；熟饼是以人工科学发酵普洱茶压制而成，但在制作过程中其选料搭配的要求与生饼的要求几近相同。恰当的嫩芽和展叶搭配是保证七子饼茶品质的重要环节。

七子饼茶外形结紧端正，松紧适度。熟饼色泽红褐油润（俗称猪肝色）；生饼外形色泽随年份不同而千变万化，一般呈青棕、棕褐色，油光润泽。

【鉴】干茶

外形：紧结端正。

气味：带有特殊陈香或桂圆香。

手感：嫩匀。

【品】茶汤

香气：纯正馥郁。

汤色：橙黄明亮。

口感：醇厚甘甜。

【观】叶底

嫩匀完整。

【贮藏】

因七子饼茶有生饼、熟饼之分，所以云南七子饼茶怎样保存也应区分对待。首先，熟茶的发酵已经定性，储存时间长短不会改变茶质本身。其次，要注意储藏环境，温度不可骤然变化，要避免杂味感染，利用竹箬包装或放在冰箱中保存较好。

六堡散茶

六堡散茶因原产于广西苍梧县大堡乡而得名。现在六堡散茶的产区已相对扩大，主要分布在浔江、郁江、贺江、柳江和红水河两岸，主产区是梧州地区。六堡散茶素以"红、浓、陈、醇"四绝著称，品质优异，风味独特，尤其是在海外侨胞中享有较高的声誉，被视为养生保健的珍品。民间流传有耐于久藏、越陈越香的说法。

六堡散茶是广西梧州最具有地方特色的名茶，是一种很古老的茶制品。魏晋朝期间，茶叶已经开始制饼烘干，并有紧压茶出现。正如陆羽《茶经》中所云："采之、蒸之、捣之、拍之、穿之、封之、培之、茶之干矣。"鲜叶采摘后经过蒸饼捣揉出汁，用手拍紧成形，烘干后成为饼茶、团茶备用。六堡散茶的制法正是源自于这种方法。经过不断地演变，才形成了六堡散茶今天的制作方法和品质。

六堡散茶中含有金花菌，金花菌能够分泌多种酶，促使茶叶内含物质朝特定的化学反应方向转化，形成具有良好滋味和气味的物质，其保健功效也特好。

【鉴】干茶

外形：条索长整。

气味：有独特的槟榔香气。

手感：光润平整。

【品】茶汤

香气：纯正醇厚。

汤色：红浓明亮。

口感：甘醇爽口。

【观】叶底

呈铜褐色。

【贮藏】

不少茶友是小量购买六堡散茶回家品饮。对于这些边存边喝的少量六堡散茶，可直接用牛皮纸袋包装存放。牛皮纸袋价格便宜，而且防潮效果好，既经济又方便，喝完就可以把纸袋扔掉。

青砖茶

产地：湖北省咸宁市

....

青砖茶属黑茶种类，以海拔 600 ~ 1200 米的高山茶树鲜叶做原料，经高温蒸压而成。其产地主要在长江流域鄂南和鄂西南地区，原产地在湖北省赤壁市赵李桥羊楼洞古镇，已有 600 多年的历史。

青砖茶的外形为长方形，每片青砖重 2 千克，大小规格为 34 厘米 × 17 厘米 × 4 厘米。色泽青褐，香气纯正，汤色红黄，滋味香浓。饮用青砖茶，除生津解渴外，还具有清新提神、帮助消化、杀菌止泻等功效。

青砖茶质量的高低取决于鲜叶的质量和制茶的技术。鲜叶采割后先加工成毛茶，面茶分杀青、初揉、初晒、复抄、复揉、渥堆、晒干七道工序；里茶分杀青、揉捻、渥堆、晒干等四道工序。制成毛茶后再经筛分、压制、干燥、包装，制成青砖成品茶。

青砖茶饮用时须将茶砖敲碎，放进特制的水壶中加水煎煮，则茶味浓香可口。

【鉴】干茶

外形：长方砖形。

气味：清新纯正。

手感：手感粗老。

【品】茶汤

香气：纯正馥郁。

汤色：红黄尚明。

口感：味浓可口。

【观】叶底

暗黑粗老。

【贮藏】

青砖茶置于通风干燥无杂、异味处，不可置于明水面积较大处。一般应将砖茶用白棉纸包严实，最好多包两层，外面用牛皮纸封严实，切忌使用塑料袋密封，然后放置在一个距离地面有一定高度的柜子里。

湖南千两茶

产地：湖南省安化县

湖南千两茶是 20 世纪 50 年代绝产的传统商品，产于湖南省安化县。千两茶是安化的一种传统名茶，以每卷的茶叶净含量合老秤一千两而得名，又因其外表的篾篓包装成花格状，故又名"花卷茶"。

吸天地之灵气，收日月之精华，日晒夜露是千两茶品质形成的关键工艺，也因此该茶被权威的台湾茶书誉为"茶文化的经典，茶叶历史的浓缩，茶中的极品"。

千两茶的生产在原料选择上需经筛制、拣剔、整形、拼堆程序，在加工上需经绞、压、跺、滚、锤工艺，最后形成长约 1.5 米、直径为 0.2 米的圆柱体，置于凉架上，经夏秋季节 50 天左右的日晒夜露（不能淋雨），在自然条件催化下，自行发酵、干燥，吸"天地之灵气，纳宇宙之精华"于茶体之内。进入长期陈放期，陈放越久，质量越好，品味越佳。

【鉴】干茶

外形：呈圆柱形。

气味：高香并且持久。

手感：嫩匀密致。

【品】茶汤

香气：醇厚高香。

汤色：黄褐油亮。

口感：甜润醇厚。

【观】叶底

黑褐嫩匀。

【贮藏】

湖南千两茶与日月同在，与环境共生。其他茶类忌氧化，忌潮湿，而千两茶却在自然环境的条件下，品质不断得到升华。千两茶在存放过程中，只要砖片本身的含水量达到出厂标准，而空气湿度又不是过高，哪怕时间再长也不会霉变。

茯砖茶

产地：湖南省安化县

茯砖茶是黑茶中一个最具特色的产品，约在公元 1368 年问世，采用湖南、陕南、四川等地的茶为原料手工筑制。因原料送到泾阳筑制，称"泾阳砖"，又因在伏天加工，故称"伏茶"。

近代湖南安化白沙溪茶厂经过反复试验，1953 年终于在安化就地加工茯砖茶并获得成功。茯砖茶集中在湖南益阳和湖南白沙溪茶厂两个茶厂加工压制，年产量约 2 万吨，产品名称改为湖南益阳茯砖。20 世纪 80 年代初期，湖北蒲圻羊楼洞茶场，引用湖南茯砖制法，获得成功，年产量 500 吨左右。

茯砖茶分特制和普通两个品种，主要区别在于原料的拼配不同。特制茯砖全部用三级黑毛茶做原料，而压制普通茯砖的原料中包含多种等级的黑毛茶。

茯砖茶干茶外形为长方砖形，规格为 35 厘米 ×18.5 厘米 ×5 厘米，但现在的茯砖大小规格不一。特制茯砖砖面色泽黑褐，内质香气纯正，滋味醇厚。

陈放多年的茯砖茶，茶汤滋味表现为甜醇爽滑。十几泡之后，茶汤色泽逐渐变淡，但甜味犹存，且更加纯正。常饮可以起到降血糖、降血脂、抗血凝、抗血栓的作用。

【鉴】干茶

外形：长方砖形。

气味：纯正悠远。

手感：手感粗老。

【品】茶汤

香气：香气纯正。

汤色：红黄明亮。

口感：醇和香浓。

【观】叶底

黑褐均匀，质地稍硬。

【贮藏】

茯砖茶的贮存条件比较简单，做到通风透气、避光，与有异味的物质隔离即可。通风有助于茶品的自然氧化，同时可适当吸收空气中的水分（水分不能过高，否则容易产生霉变），加速茶体的湿热氧化过程。

乌龙茶

天赐其福

中国人喜欢喝茶，乌龙茶是其中独具特色的茶叶品类。乌龙茶又称为"青茶"，属于半发酵茶，是我国几大茶类中具有鲜明特色的茶叶品种。乌龙茶是经过杀青、萎凋、摇青、半发酵、烘焙等工序后制出的品质优异的茶类。其实，绿茶和乌龙茶是由同一种茶树生产出来的，最大的差别在于有没有经过发酵这个过程。

乌龙茶是中国特有的茶类品种，主要产于福建的闽北、闽南及广东和台湾省。闽北乌龙有武夷岩茶、水仙、大红袍、肉桂等；闽南乌龙有铁观音、黄金桂等；广东乌龙有凤凰单丛、凤凰水仙、岭头单丛等；台湾乌龙有冻顶乌龙、包种乌龙等。

乌龙茶的分类

◎闽北乌龙茶

闽北乌龙茶主要是岩茶，以武夷岩茶最为著名，还包括闽北水仙、大红袍、肉桂、铁罗汉等。

◎**闽南乌龙茶**

闽南乌龙茶则以安溪铁观音和黄金桂为主要代表，其制作严谨、技巧精巧，在国内外享有盛誉。

◎**广东乌龙茶**

广东乌龙茶主要指的是广东潮汕地区生产的乌龙茶，以凤凰单丛和凤凰水仙为最优秀产品，历史悠久，品质极佳。

◎**台湾乌龙茶**

台湾乌龙茶主产自台湾省，还可以细分为轻发酵乌龙茶、中发酵乌龙茶和重发酵乌龙茶三种。

· 选购乌龙茶的窍门 ·

看外观： 福建闽南、闽北两地的乌龙茶外形不同，闽南的为卷曲形状，闽北的为直条形状，都带有光泽。外观比较粗散、粗松、不紧结，无光泽、颜色比较暗、失去鲜活的茶叶属于中下品或者是陈年茶。同时，还要看外观是否整齐均匀、洁净无杂物，有无茶梗、茶片、茶末和其他物质。最好再用手抓一把茶叶掂一掂，感觉茶叶轻重，重者为优，轻者为次。

闻香品味： 看了茶叶的外观后就可以冲泡闻其香、品其味了。闻香气一是要闻其花香是否纯正，是何香型；二是看花香是浓是淡，稍有花香或有酵香；三是看花香是不是自己喜欢的香型。品其滋味应注意滋味是浓是淡，是否有韵味或品种味。茶汤滋味不应带有苦味、涩味、酵味、酸味、馊味、烟焦味及其他不正常的味道。福建乌龙茶一个品种一个味，品味时自己口感良好即可。

观茶汤： 一般应掌握茶汤颜色为金黄色或橙黄色，而且要清透，不浑浊，不暗，无沉淀物。冲泡三四次而汤色仍不变淡者为贵。

安溪铁观音

产地：福建省安溪县

安溪铁观音，又称红心观音、红样观音，被视为乌龙茶中的极品，且跻身中国十大名茶之列，以其香高韵长、醇厚甘鲜而驰名中外，尤其是在日本市场，两度掀起"乌龙茶热"。

清雍正年间在安溪西坪尧阳发现并开始推广。清光绪二十二年（1896年），安溪人张乃妙、张乃乾兄弟将铁观音传至台湾木栅区，并先后传到福建省的永春、南安、华安、平和、福安、崇安、莆田、仙游等县和广东等省。这一时期，安溪乌龙茶生产技术也不断向海外广泛传播，铁观音等优质名茶声誉日增。

安溪铁观音干茶制作综合了红茶发酵和绿茶不发酵的特点，属于半发酵的品种，采回的鲜叶力求完整，然后进行凉青、晒青和摇青。

安溪铁观音可用具有"音韵"来概括。"音韵"是来自铁观音特殊的香气和滋味。有人说，品饮铁观音中的极品——观音王，有超凡入圣之感，仿佛羽化成仙。"烹来勺水浅杯斟，不仅余香舌本寻。七碗漫夸能畅饮，可曾品过铁观音？"铁观音名出其韵，贵在其韵，领略"音韵"乃爱茶之人一大乐事，只能意会，难以言传。

【鉴】干茶

外形：肥壮圆结，色泽砂绿、光润。

气味：有天然兰花香。

手感：结实，有颗粒感，略粗糙。

【品】茶汤

香气：茶香馥郁清高，鲜灵清爽，香高持久。

汤色：金黄浓艳。

口感：醇厚甘鲜，清爽甘甜，入口余味无穷。

【观】叶底

沉重匀整，青绿红边，肥厚明亮。

【贮藏】

安溪铁观音要低温、密封或真空贮藏，还要降低茶叶的含水量，这样可以在短时间内保证安溪铁观音的色、香、味不变。低温保存是指将茶叶保存空间的温度经常保持在5℃以下，可使用冷藏库或冷冻库保存茶叶，少量保存时也可使用电冰箱。

武夷大红袍

产地：福建省武夷山

武夷岩茶产自武夷山，因其茶树生长在岩缝中，因而得名"武夷岩茶"。武夷岩茶属于半发酵茶，融合了绿茶和红茶的制法，是中国乌龙茶中的极品。武夷岩茶的制作可追溯至汉代，到清朝达到鼎盛。

武夷岩茶的制作方法汲取了绿茶和红茶制作工艺的精华，经过晾青、做青、杀青、揉捻、烘干、毛茶、归堆、定级、筛号茶取料、拣剔、筛号茶拼配、干燥、摊凉、匀堆等十几道工序制作而成。武夷岩茶是武夷山历代茶农智慧的结晶。在2006年，武夷岩茶的制作工艺被列为首批"国家级非物质文化遗产"。

武夷岩茶中又以大红袍最为知名。武夷大红袍，因早春茶芽萌发时，远望通树艳红似火，如同红袍披树，故而得名。大红袍素有"茶中状元"之美誉，乃岩茶之王，堪称国宝。此茶各道工序全部由手工操作，全凭茶农以精湛的工艺特制而成。成品茶香气浓郁，滋味醇厚，有明显的"岩韵"特征，饮后齿颊留香，经久不退，冲泡九次犹存原茶的桂花香真味，被誉为"武夷茶王"。

【鉴】干茶

外形：条索健壮、匀整，绿褐鲜润。

气味：具有天然真味。

手感：粗糙，有厚实感。

【品】茶汤

香气：浓郁清香。

汤色：清澈艳丽，呈深橙黄色。

口感：滋味甘醇。

【观】叶底

软亮匀整，绿叶带红镶边。

【贮藏】

武夷岩茶最好以每包 100 克左右的量，用锡箔袋或有锡箔层的牛皮纸包好，挤紧压实后，放入木质或铁质、锡质容器内，再放到避光、防潮、避风、无异味的地点储藏。大约一年后将茶取出观察，查看是否受潮、发霉、变质。

黄金桂

产地：福建省安溪县

黄金桂，属乌龙茶类，原产于安溪虎邱美庄村，是乌龙茶中风格有别于铁观音的又一极品，1986 年被商业部授予"全国名茶"称号。

黄金桂是以黄（也称黄旦）品种茶树嫩梢制成的乌龙茶，因其汤色金黄有奇香似桂花，故名黄金桂。在产区，毛茶多称黄或黄旦，黄金桂是成茶商品名称。

在现有乌龙茶品种中黄金桂是发芽最早的一种，制成的乌龙茶香气极高，所以在产区有"清明茶""透天香"之誉。传说在清代咸丰（1850～1860）年间，安溪县罗岩乡茶农魏珍路过北溪天边岭，见有一株奇异茶树开花引人注目，就折下枝条带回，插于盆中，后用压条繁殖 200 余株，精心培育，单独采制，请邻居共同品尝，大家为其奇香所倾倒，认为其未揭杯盖香气已扑鼻而来，因而赞为"透天香"。

黄金桂有"一早二奇"的美誉。早，是指萌芽早，采制早，上市早。奇是干茶的外形"细、匀、黄"，茶叶条索细长匀称，色泽黄绿光亮。内质有"未尝清甘味，先闻透天香"的说法。

黄金桂冲泡后汤色金黄明亮或浅黄明澈。香气特高，芬芳优雅，滋味醇细鲜爽，有回甘，适口提神，素有"香、奇、鲜"之说。

【鉴】干茶

外形：紧结卷曲，细秀匀整，色泽呈黄绿色。

气味：略带桂花香。

手感：团状，紧实感。

【品】茶汤

香气：幽雅鲜爽，香高清长。

汤色：金黄明亮。

口感：纯细甘鲜。

【观】叶底

柔软明亮，呈黄绿色。

【贮藏】

黄金桂是一种极易与空气中的水分发生作用的茶叶，如果保存不当，极易发生变质。在贮藏的时候要特别注意存放温度要恒定，保持在 20 ～ 30℃，并保证存放环境干爽，忌湿。

武夷肉桂

产地：福建武夷山

武夷肉桂，又名玉桂，属乌龙茶类，产于福建武夷山。由于品质优异，性状稳定，是乌龙茶中的一枝奇葩。武夷肉桂除了具有岩茶的滋味特色外，更以其香气辛锐持久的高品种香备受人们的喜爱。肉桂的桂皮香明显，香气久泡犹存。

武夷肉桂干茶是经萎凋、做青、杀青、揉捻、烘焙等十几道工序精制而成。成品外形条索匀整卷曲；色泽褐禄，油润有光；干茶嗅之有甜香是为上品。

据《崇安县新志》载，在清代就有武夷肉桂。该茶是以肉桂良种茶树鲜叶，用武夷岩茶的制作方法制成的乌龙茶，为武夷岩茶中的高香品种。肉桂茶产于福建省武夷山市境内著名的武夷山风景区，最早是武夷慧苑的一个名枞，另一说原产是在马枕峰。20世纪40年代初肉桂茶就已是武夷山茶园栽种的十个品种之一，到六十年代以来，由于其品质特殊，逐渐为人们认可，种植面积逐年扩大，现已发展到武夷山的水帘洞、三仰峰、马头岩、桂林岩、天游岩、仙掌岩、响声岩、百花岩、竹窠、碧石、九龙窠等地，并且正在大力繁育推广，现在已成为武夷岩茶中的主要品种。

【鉴】干茶

外形：匀整卷曲，紧结壮实。

气味：隐约有桂皮香。

手感：光滑，有韧性。

【品】茶汤

香气：奶油和花果香，桂皮香明显。

汤色：橙黄清澈。

口感：醇厚回甘。

【观】叶底

叶底匀亮，呈淡绿底红镶边。

【贮藏】

所有的茶叶都怕潮，因为含水量高的茶叶经氧化后释放出的热能可增加茶叶的温度，从而加速其化学反应，其品质会随之陈化，且易霉变。因此，贮存武夷肉桂前必须对其进行干燥处理，能起到减缓陈化的作用。

武夷水仙

产地：福建省境内的武夷山

　　武夷水仙，又称闽北水仙，是以闽北乌龙茶采制技术制成的条形乌龙茶，也是闽北乌龙茶中著名的两个品种之一，水仙是武夷山茶树品种的一个名称。采摘武夷水仙时采用"开面采"，即当茶树顶芽开展时，只采三四叶，而保留一叶。正常情况下，分四季采摘茶叶，每季相隔约 50 天。

　　闽北水仙始于清道光年间，是闽北历史较久的优质产品。所用的水仙种，发源于建州瓯宁县（建阳）小湖乡大湖村的严义山祝仙洞。

　　春茶于每年谷雨前后采摘驻芽第三、四叶，经萎调、做青、杀青、揉捻、初焙、包揉、足火等十几道工序制成毛茶。由于水仙叶肉肥厚，做青须根据叶厚水多的特点以"轻摇薄摊，摇做结合"的方法灵活操作。包揉工序为做好水仙茶外形的重要工序，揉至适度，最后以文火烘焙至足干。成茶外形壮实匀整，尖端扭结，色泽砂绿油润，并呈现白色斑点，俗有"蜻蜓头，青蛙腹"之称。

　　武夷水仙冲泡后香气浓郁，具兰花清香，滋味醇厚回甘。常饮可以起到杀菌、抗癌、减肥的作用。

【鉴】干茶

外形： 紧结匀整，叶端折皱扭曲，色泽油润，间带砂绿蜜黄。

气味： 清香。

手感： 松软。

【品】茶汤

香气： 清香浓郁，具兰花香气。

汤色： 呈琥珀色，清澈。

口感： 醇厚回甘。

【观】叶底

厚软黄亮，叶缘朱砂红边或红点，即"三红七青"。

【贮藏】

日常生活中武夷水仙茶爱吸异味，更怕潮湿、高温和光照，所以一定要保存在密封、干燥的环境中，才不会变质。宜采用深色玻璃瓶，放入茶叶和干燥剂，盖紧盖子并用石蜡封口，存于阴凉避光处。

永春佛手

产地: 福建省永春县

　　永春佛手又名香橼、雪梨，是乌龙茶类中风味独特的名贵品种之一，产于闽南著名侨乡永春县，地处戴云山南麓，全年雨量充沛，日夜温差大，适合茶树的生长。佛手茶树品种有红芽佛手与绿芽佛手两种（以春芽颜色区分），以红芽为佳。鲜叶大的如掌，椭圆形，叶肉肥厚，3月下旬萌芽，4月中旬开采，分四季采摘，春茶占40％。

　　永春佛手干茶是经揉捻、初烘、初包揉后，复烘复包揉三次或三次以上，较一般乌龙茶次数多，使茶条卷结成干（虾干）状。成品外形条索肥壮、卷曲较重实或圆结重实；色泽乌润砂绿或乌绿润，稍带光泽；内质香气浓郁或馥郁悠长，优质品具有雪梨香，上品具有香橼香。

　　永春佛手于清光绪年间，在县城桃东开设峰圃茶庄，产品即闻名遐迩。民国20年制成铁盒包装，通过厦门茶栈源源转销到港澳及东南亚各埠，从此声名鹊起。

　　永春佛手茶在1985年、1989年被农业部评为优质农产品。1987年获"全国华侨茶叶基金会"授予的"佛手奖"。1995获中国第二届农业博览会金奖。20世纪30年代初，就已有少量佛手茶开始转销国外。

【鉴】干茶

外形：紧结肥壮，卷曲重实，色泽乌润砂绿。

气味：近似香橼香。

手感：重实，抚之有磨砂感。

【品】茶汤

香气：浓锐悠长。

汤色：橙黄清澈。

口感：甘厚芳醇。

【观】叶底

叶底肥厚、软亮、红边显。

【贮藏】

永春佛手茶包装一般采用真空压缩包装法，并附有外罐包装。如果在 20 天之内喝完，一般只需放置在阴凉处，避光保存；如果想延长佛手茶茶叶的保存时间，建议将茶叶保存在 -5℃。

凤凰单丛

产地： 广东潮州市凤凰镇乌岽山

凤凰单丛茶属乌龙茶类，始创于明代，以产自潮安县凤凰镇乌岽山，并经单株（丛）采收、单株（丛）加工而得名。产区濒临东海，气候温暖，雨水充足，土壤肥沃，含丰富的有机物质和微量元素，有利于茶树的发育与茶多酚和芳香物质形成。

潮安凤凰茶为历代贡品，清代已入中国名茶之列。明朝嘉靖年间的《广东通志初稿》记载"茶，潮之出桑浦者佳"，当时潮安已成为广东产茶区之一。清代，凤凰茶渐被人们所认识，并列入全国名茶名单。

凤凰单丛实行分株单采，清明前后，新茶芽萌发至小开面（即出现驻芽），即按一芽二、三叶（中开面）标准，用骑马采茶手法采摘。

凤凰单丛干茶是经晒青、晾青、碰青、杀青、揉捻、烘焙等工序，历时 10 小时制成的成品茶。

凤凰单丛黄枝香是凤凰单丛十大花蜜香型珍贵名丛之一，因香气独特，有明显黄栀子花香而得名。该茶有多个株系，单丛茶是按照单株株系采摘，单独制作而成，具有天然的花香。

【鉴】干茶

外形：条索紧细，色泽乌润油亮。

气味：天然花香。

手感：有韧性。

【品】茶汤

香气：香高持久。

汤色：橙黄明亮。

口感：醇厚鲜爽。

【观】叶底

匀亮齐整，青蒂绿腹红镶边。

【贮藏】

凤凰单丛属于乌龙茶。乌龙茶所含有的叶绿素一见光就会发生光催化反应，所以避光是存放乌龙茶的最重要的条件之一。当然防潮也是必不可少的，通常买回来的茶叶要用两层聚乙烯食品袋包裹密封，然后放在干燥处。

冻顶乌龙

冻顶乌龙茶，俗称冻顶茶，是台湾省知名度极高的茶，也是台湾包种茶的一种。台湾包种茶属轻度或中度发酵茶，亦称"清香乌龙茶"。包种茶按外形不同可分为两类，一类是条形包种茶，以"文山包种茶"为代表；另一类是半球形包种茶，以"冻顶乌龙茶"为代表。冻顶乌龙茶是以青心乌龙为主要原料制成的半发酵茶。

冻顶茶一年四季均可采摘，采摘未开展的一芽二、三叶嫩梢，春茶采期从3月下旬至5月下旬；夏茶是5月下旬至8月下旬；秋茶是8月下旬至9月下旬；冬茶则在10月中旬至11月下旬。采摘后经晒青、晾青、浪青、炒青、揉捻、初烘、多次团揉、复烘、再焙火制成冻顶乌龙干茶。成品外观色泽呈墨绿鲜艳，并带有青蛙皮般的灰白点，条索紧结弯曲，干茶具有强烈的芳香。

冻顶乌龙茶名由来也是颇有趣味。从冻顶乌龙茶园所处的冻顶山的自然环境来看，就是冬季也并无严寒相侵、雪冻冰封，那么为何名冻顶呢？据说是因冻顶山迷雾多雨，山路崎岖难行，上山的人都要绷紧脚趾，一步步顶着上冻顶山头，台湾俗称"冻脚尖"，才能上得去，这即是冻顶山名之由来，茶亦因山而名。

【鉴】干茶

外形：紧结卷曲，色泽墨绿油润，边缘隐现金黄色。

气味：带花香、果香。

手感：紧实饱满。

【品】茶汤

香气：持久高远。

汤色：黄绿明亮。

口感：甘醇浓厚。

【观】叶底

肥厚匀整，绿叶腹红边。

【贮藏】

冻顶乌龙既有不发酵茶的特性，又有全发酵茶的特性。茶叶极敏感，遭晒、受潮，茶叶便要变色、变味、变质。所以，储存冻顶乌龙时必须像储存绿茶一样：防晒、防潮、防气味。但是冻顶乌龙比绿茶耐放，能在常温下保存两三年。

黄茶
——疏而得之——

　　黄茶是我国特产茶叶，其制造历史悠久，佳品众多。

　　据传闻黄茶是人们从炒青绿茶中发现的，由于杀青、揉捻后干燥不足或不及时，叶色因此变黄，于是产生了新的茶类——黄茶。

　　黄茶根据茶叶的嫩度和大小分为黄芽茶、黄大茶和黄小茶。主要产自安徽、湖南、四川、浙江等省，较有名的黄茶品种有莫干黄芽、霍山黄芽、君山银针、北港毛尖等。

　　黄茶属轻发酵茶类，制作工艺与绿茶相似，只是多了一道"闷黄"的工序。黄茶的"闷黄"工序是指通过湿热作用使茶叶内含成分发生变化，从而形成黄茶。黄茶干茶色泽金黄或黄绿、嫩黄，汤色黄绿明亮，叶底嫩黄匀齐，滋味鲜醇、甘爽、醇厚。

黄茶的分类

◎黄芽茶

　　黄芽茶是黄茶中的佼佼者，要求芽叶要"细嫩、新鲜、匀齐、纯净"。黄芽茶的茶芽最细嫩，是采摘春季萌发的单芽或幼嫩的一芽一叶，再经过加工制成的。幼芽色黄而多白毫，故名黄芽，香味鲜醇。

最有名的黄芽茶品种有君山银针、蒙顶黄芽和霍山黄芽。

◎黄小芽

黄小芽对茶芽的要求不及黄芽茶细嫩，但也秉承了"细嫩、新鲜、匀齐、纯净"的原则，采摘较为细嫩的芽叶进行加工，一芽一叶，条索细小。

黄小茶目前在国内的产量不大，主要品种有北港毛尖、沩山毛尖、远安鹿苑和平阳黄汤。

◎黄大芽

黄大芽创制于明代隆庆年间，距今已有四百多年历史，是中国黄茶中产量最多的一类。黄大茶对茶芽的采摘要求也较宽松，其鲜叶采摘要求大枝大杆，一般为一芽四五叶，长度为 10 ～ 13 厘米。

选购黄茶的窍门

产地： 购买黄茶前，先要了解黄茶的产地，每个产地不同茶区生产的茶叶及调制方法不同，口味也不同。

生产日期： 购买黄茶时更需要注意制造日期和有效期限，以免买到过期的黄茶。

分辨好包装： 购买黄茶时要分辨好包装，茶包通常都是碎黄茶，冲泡时间短，适合上班族。如果要喝产地茶或特色茶，最好买罐装黄茶。

品味道： 品味完一口茶后，会感觉到淡淡的板栗香。如果放的量少会觉得是淡淡的甜玉米味道，量多就会觉得有板栗味了。

君山银针

　　君山银针是黄茶中最杰出的代表，色、香、味、形俱佳，是茶中珍品。君山银针在历史上曾被称为"黄翎毛""白毛尖"等，后因它茶芽挺直，布满白毫，形似银针，于是得名"君山银针"。

　　君山银针始于唐代，清朝时被列为"贡茶"。据《巴陵县志》记载："君山产茶嫩绿似莲心。""君山贡茶自清始，每岁贡十八斤。""谷雨"前，知县邀山僧采制一旗一枪，白毛茸然，君山银针俗称"白毛茶"。又据《湖南省新通志》记载："君山茶色味似龙井，叶微宽而绿过之。"古人形容此茶如"白银盘里一青螺"。

　　清代，君山茶分为"尖茶""茸茶"两种。"尖茶"如茶剑，白毛茸然，纳为贡茶，素称"贡尖"。

　　君山银针的制作工艺非常精湛，须经过杀青、摊凉、复包、足火等八道工序，历时三四天之久。优质的君山银针茶在制作时特别注意杀青、包黄与烘焙的过程。

　　君山银针茶香气清高，味醇甘爽。冲泡后，芽竖悬汤中冲升水面，徐徐下沉，再升再沉，三起三落，蔚成趣观。

【鉴】干茶

外形：芽头健壮，金黄发亮，白毫毕显，外形似银针。

气味：清香醉人。

手感：光滑平整。

【品】茶汤

香气：毫香清醇，清香浓郁。

汤色：杏黄明净。

口感：甘醇甜爽，满口芳香。

【观】叶底

肥厚匀齐，嫩黄清亮。

【贮藏】

如果是家庭用的君山银针茶叶，可以将干燥的茶叶用软白纸包好，轻轻挤压排出空气，再用细软绳扎紧袋口，将另一只塑料袋反套在外面后挤出空气，放入干燥、无味、密封的铁筒内储藏。

霍山黄芽

产地：安徽霍山

　　霍山黄芽产于安徽霍山大花坪金子山、漫水河金竹坪、上土市九宫山、单龙寺、磨子谭、胡家河等地，为中国名茶之一。

　　霍山黄芽历史悠久，在唐朝已经很有名，霍山黄芽在陆羽的《茶经·八之出》有记载。唐朝时期是饼茶、散茶和末茶并存的，但是主要以饼茶为主。

　　宋代时改饼茶为散茶，宋代开设了霍山茶场，茶叶运销苏州、扬州、山东、河南等地。

　　清代时，随着资本主义的萌芽，茶叶行业迅速发展，因为茶叶比其他的农产品更具商品性。芽茶仍然属于贡品，霍山黄芽被列为贡茶。

　　民国时期取消了贡茶，霍山黄芽几乎绝迹，在新中国成立以后，恢复了茶叶的生产，黄芽的年产量才逐渐增加。霍山黄芽的制作工艺要求严格，制作出来的茶叶要有黄茶的金黄色和绿茶的独特味道，突出霍山黄芽的特点。

　　霍山黄芽鲜叶细嫩，因山高地寒，开采期一般在谷雨前3～5天，采摘标准一芽一叶、一芽二叶初展。黄芽要求鲜叶新鲜度好，采回鲜叶应薄摊散失表面水分，一般上午采下午制，下午采当晚制完。制作工艺包括杀青、初烘、摊放、复烘、足烘五道工序。

【鉴】干茶

外形：形似雀舌，嫩绿披毫。

气味：清香持久。

手感：鲜嫩柔软。

【品】茶汤

香气：茶香浓郁。

汤色：黄绿清澈。

口感：鲜醇浓厚。

【观】叶底

嫩黄明亮。

【贮藏】

霍山黄芽是我国名茶之一，不少人都喜欢喝，但是保存不当，霍山黄芽就容易吸收水分，产生异味和发霉变坏。因此宜将密封好的霍山黄芽放到冰箱里储存，在低温状态下，霍山黄芽茶叶不那么容易变质。

北港毛尖

产地： 湖南省岳阳市北港

北港毛尖是条形黄茶的一种，产自湖南岳阳康王乡北港邕湖一带。岳阳自古以来就是游览胜地，其所产的北港茶在唐代就很有名气，称"邕湖茶"。唐代斐济《茶述》中列出了十种贡茶， 邕湖茶就是其中之一。唐代李肇《唐国史补》有"岳州有邕湖之含膏"的记载。

清代乾隆年间岳阳茶叶已有名气，清代也是其鼎盛时期。湘阴、临湘、平江、巴陵、华容等县的茶叶相继快速发展起来，至光绪年间，岳阳茶叶种植面积达到 2 万多公顷，产量 1.5 万吨。岳阳茶叶于 1964 年被评为湖南省优质名茶，后延续至今。

北港毛尖茶区气候温和，雨量充沛，形成了北港茶园得天独厚的自然环境。北港毛尖鲜叶一般在清明后五六天开园采摘，要求一号毛尖原料为一芽一叶，二、三号毛尖为一芽二、三叶。抢晴天采，不采虫伤、紫色芽叶、鱼叶及蒂把。鲜叶随采随制，其加工方法分锅炒、锅揉、拍汗、复炒复揉及烘干五道程序。

【鉴】干茶

外形： 芽壮叶肥，呈金黄色。

气味： 新茶的茶香较为明显。

手感： 平扁光滑。

【品】茶汤

香气： 香气清高。

汤色： 汤色橙黄。

口感： 甘甜醇厚。

【观】叶底

嫩黄似朵。

【贮藏】

北港毛尖不属于存放越久品质越好的茶，最好是现买现喝，以确保茶叶的新鲜。短时间没办法喝完，须将买回的茶叶分成若干小包，装于茶叶罐或筒里，最好一次装满并盖上盖，在不用时不要打开，用完把盖盖严。

沩山毛尖

产地：湖南省宁乡县

沩山毛尖产于湖南省宁乡县，历史悠久。1941年《宁乡县志》载："沩山茶雨前采制，香嫩清醇，不让武夷、龙井。商品销甘肃、新疆等省，久获厚利，密印寺院内数株味尤佳。"

沩山毛尖的成茶品质特点为：外形微卷成块状，色泽黄亮油润，白毫显露；汤色橙黄透亮，松烟香气芬芳浓郁，滋味醇甜爽口；叶底黄亮嫩匀。由于此茶颇受边疆人民喜爱，被视为礼茶之珍品。

沩山毛尖能有如此品质，还在于其产地十分适宜产茶。从清朝时期的举人周在武《大沩凌云》一诗中就可见其自然环境极宜种茶。诗曰："大沩十万丈，上与浮云齐，山势长不改，云飞爱复西。云去山有风，云来山有雨，风雨无定期，云情竟如许。"

很多人在购买沩山毛尖的时候，觉得茶叶越嫩越好，单纯地追求细嫩的纯芽。但其实沩山毛尖好喝与否，最重要还是取决于产地与茶山的海拔。

【鉴】干茶

外形：叶缘微卷，肥硕多毫，黄亮油润。

气味：有特殊的松烟香。

手感：手感温润。

【品】茶汤

香气：芬芳浓厚。

汤色：橙黄明亮。

口感：醇甜爽口。

【观】叶底

黄亮嫩匀。

【贮藏】

沩山毛尖茶叶最怕潮湿异味，一般家庭选购的沩山毛尖茶叶多为罐装或散装，由于买回后不是一次泡完，所以最好将茶叶装入铝箔袋中。或者将买回来的茶分袋包装，密封后放置于冰箱内，然后分批冲泡，以减少茶叶开封后与空气接触的机会。

蒙顶黄芽

产地：四川蒙山

蒙顶黄芽，属黄茶，且为黄茶之极品。

蒙山产茶历史悠久，距今已有2000多年，许多古籍对此都有记载。有诗云："蒙茸香叶如轻罗，自唐进贡入天府。"蒙顶茶自唐开始，直到明、清皆为贡品，为我国历史上最有名的贡茶之一。

蒙顶山区气候温和，年平均温度14～15℃，年平均降水量2000毫米，阴雨天较多，年日照量仅1000小时左右，一年中雾日多达280～300天。雨多、雾多、云多是蒙山的特点。

蒙顶黄芽采摘于春分时节，当茶树上有百分之十左右的芽头鳞片展开，即可开园。选采肥壮的芽和一芽一叶初展的芽头。采摘时严格做到"五不采"，即紫芽、病虫害芽、露水芽、瘦芽、空心芽不采。采回的嫩芽要及时摊放，及时加工。蒙顶黄芽制作分杀青、初包、复炒、复包、三炒、堆积摊放、四炒、烘焙八道工序。其成品外形扁直，色泽微黄，芽毫毕露，甜香浓郁；汤色黄亮，滋味鲜醇回甘；叶底全芽，嫩黄匀齐，为蒙山茶中的极品。

【鉴】干茶

外形：扁平挺直，色泽黄润。

气味：甜香怡人。

手感：光滑平直。

【品】茶汤

香气：甜香鲜嫩。

汤色：黄中透碧。

口感：甘醇鲜爽。

【观】叶底

全芽，嫩黄匀齐。

【贮藏】

如果蒙顶黄芽没办法在短时间内喝完，为保证饮用品质，一定要用恰当的方法储存。一般家庭饮用会购买小规格包装的茶叶，分批放置，尽量减少平时饮用过程中因环境条件的影响而使茶叶变质的情况即可。

白茶

色白银装

　　白茶属于轻微发酵茶，外观呈白色，因其成品茶多为芽头，满披白毫，如银似雪而得名，是我国茶类中的特殊珍品。

　　白茶的制作工序包括萎凋、烘焙（或阴干）、拣剔、复火等，但现代白茶的制作工序一般只有萎凋、干燥两道，萎凋是形成白茶品质的关键工序。白茶主要产于福建省的福鼎、政和、建阳等地，著名的品种有白牡丹、寿眉等。

　　白茶因没有揉捻工序，所以茶汤冲泡出来的速度比其他茶类要慢一些，因此白茶的冲泡时间比较长。白茶的色泽灰绿、银毫披身、银白，汤色黄绿清澈，滋味清醇甘爽。夏天适合喝白茶，因为白茶性寒味甘，具有清热、降暑、祛火的功效。

白茶的分类

◎白芽茶

　　白芽茶的外形芽毫完整、满身披毫，属于轻微发酵茶，主产自福建福鼎、政和两地，其典型代表有白毫银针。

◎白叶茶

　　白叶茶的特别之处在于其自身带有的特殊花蕾香气，典型代表有白牡丹、贡眉等。

选购白茶的窍门

外形： 以条索粗松带卷、色泽褐绿为上，无芽、色泽棕褐为次。

色泽： 色泽以鲜亮为好，花杂、暗红、焦红边为差。

香气： 香气以毫香浓郁、清鲜纯正为上，淡薄、生青气、发霉失鲜、有红茶发酵气为次。

汤色： 汤色以橙黄明亮或浅杏黄色为好，红、暗、浊为劣。

滋味： 以鲜美、醇爽、清甜为上，粗涩、淡薄为差。

叶底： 叶底嫩度以匀整、毫芽多为上，带硬梗、叶张破碎、粗老为次。

白毫银针

产地：福建省福鼎市

　　白毫银针，简称银针，又叫白毫，素有"茶中美女"之美称。由于鲜叶原料全部是茶芽，白毫银针制成成品茶之后，形状似针、白毫密被、色白如银，因此被命名为白毫银针。冲泡后，香气清鲜，滋味醇和，杯中的景观也使人情趣横生。

　　白毫银针因产地和茶树品种不同，又分北路银针和南路银针两个品目。

　　白毫北路银针，产于福建福鼎，茶树品种为福鼎大白茶（又名福鼎白毫）。外形优美，芽头壮实，毫毛厚密，富有光泽；汤色碧清，呈杏黄色，香气清淡，滋味醇。福鼎大白茶原产于福鼎的太姥山，太姥山产茶历史悠久。清代周亮工《闽小记》中曾提到："太姥山古时有绿雪芽名茶，今呼白毫。"如此推来，福鼎大白茶品种和用其芽制成的白毫银针，历史都相当久远。

　　白毫南路银针，产于福建政和，茶树品种为政和大白茶。外形粗壮，芽长，毫毛略薄，光泽不如北路银针，但香气清鲜，滋味浓厚。政和大白茶原产于政和县铁山高仑山头，于19世纪初选育出。当时政和大白茶产区铁山、稻香、东峰、林屯一带，家家户户制银针，当地流行着"女儿不慕富豪家，只问茶叶和银针"的说法。

【鉴】干茶

外形：茶芽肥壮。

气味：清鲜温和。

手感：肥嫩光滑。

【品】茶汤

香气：毫香浓郁。

汤色：清澈晶亮。

口感：甘醇清鲜。

【观】叶底

粗嫩芽长，黄绿嫩匀。

【贮藏】

白毫银针的成分是很不稳定的，在一定条件下，易产生化学变化，这就是所说的"茶变"。若是准备贮存白毫银针，先要检查一下白毫银针的含水量，含水量越低越好。检查方法是用手指轻轻捏一捏，如果成粉末状，说明含水量较低，可以贮藏。

白
牡
丹

　　白牡丹茶属白茶类，它绿叶夹银白色毫心，形似花朵，冲泡之后绿叶托着嫩芽，宛若蓓蕾初开，故名白牡丹，是中国福建历史名茶。

　　制造白牡丹的原料主要为政和大白茶和福鼎大白茶良种茶树芽叶，有时采用少量水仙品种茶树芽叶供拼和之用。制成的毛茶分别称为政和大白（茶）、福鼎大白（茶）和水仙白（茶）。用于制造白牡丹的原料要求白毫显，芽叶肥嫩。传统采摘标准是春茶第一轮嫩梢采下一芽二叶，一芽与二叶的长度基本相等，并要求"三白"，即一芽及二叶满披白色茸毛。夏秋茶茶芽较瘦，不用来采制成白牡丹。

　　白牡丹茶干茶制作不经炒揉，只有萎凋及焙干两道工序。萎凋以室内自然萎凋的品质为佳。白牡丹两叶抱一芽，叶态自然，色泽深灰绿或暗青苔色，叶张肥嫩，呈波纹隆起，叶背遍布洁白茸毛，叶缘向叶背微卷，芽叶连枝方为上品。

【鉴】干茶

外形：叶张肥嫩。

气味：毫香鲜嫩持久。

手感：肥壮，触碰时有茸毛感。

【品】茶汤

香气：毫香浓显。

汤色：杏黄明净。

口感：鲜爽清甜。

【观】叶底

浅灰成朵。

【贮藏】

白牡丹茶是轻微发酵茶，是所有茶中最易陈化变质的茶，不能长期存放。茶叶吸湿及吸味性强，很容易吸附空气中的水分及异味，贮存方法稍有不当，就易产生茶变。保存白牡丹的容器应以锡瓶、瓷坛、有色玻璃瓶为佳。

贡眉

产地：福建省建阳区

　　贡眉，有时称作寿眉，产于福建建阳区。用茶树芽叶制成的毛茶称为"小白"，以区别于福鼎大白茶、政和大白茶茶树芽叶制成的"大白"毛茶。茶芽曾用以制造白毫银针，其后改用"大白"制白毫银针和白牡丹，而"小白"则用以制作贡眉。一般以贡眉表示上品，质量优于寿眉，近年则一般只称贡眉，而不再有寿眉出口。

　　贡眉原料采摘标准为一芽二叶至三叶，要求含有嫩芽、壮芽。贡眉的基本加工工艺分为萎凋、烘干、拣剔、烘焙、装箱。成品茶毫心明显，茸毫色白且多，干茶色泽翠绿。

　　贡眉历史悠久，原产地就在漳墩镇，清乾隆三十七年（1772年）此地成为白茶主产区，具有200多年的生产历史。此茶由当时该镇的南坑村萧氏兄弟所创制。

　　据《茶叶通史》载："民国二十五年（1936年）水吉产白茶1640担，约占全省白茶出口的48.17%。民国二十九年（1940年）核准加工水吉出口白茶3600箱（其中白牡丹950箱，寿眉2650箱），占全国侨销茶的三分之一。"

　　改革开放后，随着农村产业结构的调整，南坑白茶生产恢复生机。1984年贡眉白茶在合肥全国名茶品质鉴评会上被授予"中国名茶"称号。

【鉴】干茶

外形：形似扁眉。

气味：气味鲜纯。

手感：扁薄滑腻。

【品】茶汤

香气：香高清鲜。

汤色：嫩黄清澈。

口感：醇厚爽口。

【观】叶底

匀整柔软、明亮。

【贮藏】

保存贡眉的容器以锡盒、瓷坛最佳，其次宜用铁盒、木盒、竹盒等。若是使用铁盒保存贡眉则要注意将其置于阴凉处，不能放在阳光直射或潮湿、有热源的地方，这样一方面可防止铁盒氧化生锈，又可抑制盒内茶叶劣变的速度。

福鼎白茶

产地：福建福鼎市

福建是白茶之乡，其中以福鼎白茶品质最佳、最优。

目前市场上有很多冠以"白茶"的茶叶，其绝大部分不属于白茶类的白茶，真实身份是"白叶茶"，它加工工艺属于绿茶类，它们是选用白叶茶品种芽叶，经过杀青、造型加工制作而成，外观色泽为绿色。

福鼎白茶是采用白毫丰富的"华茶1号"（福鼎大白）"华茶2号"（福鼎大毫）的芽叶，经过萎凋、烘干、保存等一系列精制工艺而制成的。福鼎白茶根据气温采摘玉白色一芽一叶初展鲜叶，做到早采、嫩采、勤采、净采，芽叶成朵，大小均匀，留柄要短，轻采轻放，竹篓盛装、竹筐贮运。采摘鲜叶后用竹匾及时摊放，厚度均匀，不可翻动。摊青后，根据气候条件和鲜叶等级，灵活选用室内自然萎凋、复式萎凋或加温萎凋。再进行烘干，温度为 100 ~ 120℃，时间为 10 分钟，摊凉 15 分钟后复烘，温度 80 ~ 90℃。最后将茶叶干茶水分含量控制在 5% 以内，放入冰库，以 1 ~ 5℃冷藏。冰库取出的茶叶三小时后打开，进行包装。

【鉴】干茶

外形：分支浓密。

气味：气味清而纯。

手感：薄嫩轻巧。

【品】茶汤

香气：香味醇正。

汤色：杏黄清透。

口感：回味甘甜。

【观】叶底

浅灰薄嫩。

【贮藏】

家庭储存福鼎白茶时，可用锡纸袋将茶叶密封包装后，置于无异味的密封塑料袋中。如果短期内（20天）可以喝完则可以将包好的茶叶放在干燥阴凉处，如果是打算长期保存（一年以上），则须将其置于冰箱中，可保持茶叶色泽如新。

第 3 篇

领略茶艺精髓

博大精深的中国茶文化，论其精髓，主要体现在经典的茶艺及茶道上。
从选、沏、赏到闻、饮、品皆有讲究，细斟慢酌，感受浓浓茶韵。

古人云："工欲善其事，必先利其器。"可见，对于讲求感悟茶中细微之处与烹饮之妙的茶人来说，得心应手的煮茶器多么重要。

饮茶离不开茶具，茶具指泡饮茶叶的专门器具，包括壶、碗、杯、盘、托等。古人讲究饮茶之道的另一个重要表现，是非常注重茶具本身的艺术，一套精致的茶具配合色、香、味三绝的茗茶，可谓相得益彰。随着饮茶之风的盛行及各个时代饮茶风俗的演变，茶具的品种越来越多，质地越来越精美。

茶壶

茶壶在唐代以前就有了。唐代人把茶壶称"注子"，其意是指从壶嘴里往外倾水。茶壶为主要的泡茶容器，主要是用来实现茶叶与水的融合，茶汤再由壶嘴倾倒而出。按质地分，茶壶一般以陶壶为主，此外还有瓷壶、银壶、石壶等。

其中最广为人知的陶壶便是以紫砂陶土烧制而成的紫砂壶。紫砂壶具有良好的透气性能，泡茶不走味，贮茶不变色，成为人们的日常用品和珍贵的收藏品。

茶壶的式样很多，有瓜形、柿形、菱形、鼓形、梅花形、六角形、栗子形等形状，一般多用鼓形的，取其端正浑厚故也。但不管茶壶款式如何，最重要的是"宜小不宜大，宜浅不宜深"，因为大就不"工夫"了。所以用大茶壶、中茶壶、茶鼓、茶筛、茶档等冲的茶，哪怕是用一百元一两的茶叶，也不能算是工夫茶。至于深浅则关系气味，浅能酿味，能留香，不蓄水，这样茶叶才不易变涩。

除大小、深浅外，茶壶最讲究的是"三山齐"，这是品评壶的好坏的最重要的标准。办法是：把茶壶去盖后覆置在桌子上（最好是很平的玻璃上），如果壶滴嘴、壶口、壶提柄三件都平，就是"三山齐"了。这关系到茶壶的水平和质量问题，所以最为讲究。

另外，茶壶还讲究"老"。所谓"老"主要是看壶里所沉积的"茶渣"多寡，当然，"老"字的讲究还有很多，例如，什么朝代出品，历史如何，什么名匠所制成，经过什么名家所品评过等。但那已经不是用一般茶壶的问题，而是属于玩古董的问题了。

茶杯

　　茶杯是用于品尝茶汤的杯子。可因茶叶的品种不同，而选用不同的杯子。作为盛茶用具，茶杯一般有品茗杯、闻香杯、公道杯 3 种。

品茗杯　品茗杯俗称茶杯，可因茶叶的品种不同，而选用不同的杯子。茶杯有大小之分，小杯用来品饮乌龙茶等浓度较高的茶，大杯可泛用于品饮绿茶、花茶和普洱茶等。

闻香杯　闻香杯，顾名思义，是一种专门用于嗅闻茶汤在杯底留香的茶具。它与饮杯配套，再加一茶托则成为一套闻香组杯。闻香杯是乌龙茶特有的茶具。

公道杯　公道杯，又称茶海，多用于功夫茶的冲泡，可使冲泡出的茶汤滋味均匀、色泽一致，同时较好地令茶汤中的茶渣、茶末得以沉淀。常见的材质有陶瓷、玻璃、紫砂等，少数还带有过滤网。

盖碗

盖碗是一种上有盖、下有托、中有碗的汉族茶具,又称"三才碗"或者"三才杯"。其中盖为天、托为地、碗为人,有天地人和的寓意。

制作盖碗的材质有瓷、紫砂、玻璃等,以各种花色的瓷盖碗为多。盖碗既可用来泡茶,同时又可以用来喝茶。用盖碗喝茶时不必揭盖,只需半张半合,既不会有茶叶入口,又有茶汤徐徐沁出。而且用茶盖在茶水面轻轻一刮,使整碗茶水上下翻转,轻刮则茶淡,重刮则茶浓,品茶如是,甚是奇妙。

煮水器

泡茶的煮水器在古代多用风炉和陶壶,现在较常用的有电热水炉,此外也有使用电炉和陶壶的。

茶盘

在中国专业喝茶,总是离不开好的茶盘,茶盘的选材广泛,金、木、竹、陶、石皆可取,以金属茶盘最为简便耐用,以竹质茶盘最为清雅相宜。此外还有檀木的茶盘,例如绿檀、黑檀茶盘等。缘于传统皇家文化的原因,最高级的茶盘,当然非国木金丝楠莫属。

特殊石材如玉、端砚石、寿山石和紫砂制作的茶盘古朴厚重,别有韵味,但其硬度和紫砂壶、瓷杯接近,使用时须小心,最好有壶垫杯垫相托,以免碰裂。

其他辅助用具

◎茶则

茶则为盛茶入壶的用具，可以作为度量茶叶的利器，以保证注入的茶叶适量。一般为竹质，用来绝"恶"味，以求茶的洁净。

◎茶针

茶针的功用是疏通茶壶的内网（蜂巢），以保持水流畅通。

◎茶夹

茶挟又称茶筷，其功用与茶匙类似，可用于将茶渣从壶中夹出，也常有人用来夹着茶杯，加以清洗，既防烫又卫生。

◎茶漏

茶漏用于置茶时放在壶口上，以导茶入壶，防止茶叶掉落壶外。

◎茶荷

茶荷的功用与茶则类似，主要用来将茶叶由茶罐移至茶壶。茶荷主要为竹制和瓷制，既实用又可当艺术品。

◎茶匙

因其形状像汤匙，所以称茶匙，用于挖取泡过的茶壶内的茶叶。茶叶冲泡过后，往往会塞满茶壶，加上一般茶壶的口都不大，用手挖出茶叶既不方便也不卫生，此时就可使用茶匙。

◎茶筒

它是用来剩装茶则、茶匙、茶夹、茶漏、茶针的茶器筒。

无水不可论茶：好茶还需好水沏

明代许次在《茶疏》中说："精茗蕴香，借水而发，无水不可与论茶也。"对于爱好喝茶的人来说，不同的水冲泡出来的茶，味道是不同的，早在唐代，陆羽《茶经》提到的"五之煮"中就总结了煮茶用水的经验："其水，用山水上，江水中，井水下。"

择水的标准

尽管地域环境、个人喜恶的差别造成泡茶用水的择水标准不一，但对水品"清""轻""甘""洌""鲜""活"的要求都是一致的。

水质鲜活清爽会使茶味发挥得更佳，死水泡茶，即使再好的茶叶也会失去茶滋味。明代张源在《茶录》中指出："山顶泉清而轻，山下泉清而重，石中泉清而甘，砂中泉清而洌，土中泉清而白。流于黄石为佳，泻出青石无用。流动者愈于安静，负阴者胜于向阳。真源无味，真水无香。"

水要鲜活清爽

水要甘甜洁净

泡茶的水首要就是洁净，只有洁净的水才能泡出没有异味的茶，而代甘甜的水质会让茶香更加出色。宋代蔡襄在《茶录》中说道："水泉不甘，能损茶味。"

适当的贮水方法

古代的水一般都要储存备用，如果在储存中出现差错，会使水质变味，影响茶汤滋味。明代许次纾在《茶疏》中指出："水性忌木，松杉为甚，木桶贮水，其害滋甚，洁瓶为佳耳。"

泡茶用水的来源

✳ 自来水 ✳

凡达到我国卫生部制定的饮用水卫生标准的自来水，都适于泡茶。但自来水有时会用过量的氧化物消毒，气味很重，用之泡茶，会严重影响品质。

✳ 江水 ✳

溪水、江水与河水等常年流动之水，用来沏茶也并不逊色，诗云："自汲淞江桥下水，垂虹亭上试新茶。"但是现今的许多江水、溪水被污染不能直接饮用，须净化处理后才可使用。

✳ 泉水 ✳

在天然水中，泉水是比较清爽的，杂质少，透明度高，污染少，水质最好。但是由于水源和流经途径不同，其溶解物钙、镁含量与硬度等均有很大差异。因此，并不是所有泉水都是优质的，所以在选择泉水泡茶时一定要了解清楚。

✳ 雨水、雪水 ✳

雨水和雪水被古人誉为"天泉"。用雪水泡茶，一向被人重视。如唐代大诗人白居易《晚起》诗中的"融雪煎香茗"，就是描写用雪水泡茶的场景。

✳ 井水 ✳

井水属地下水，是否适宜泡茶，不可一概而论。有些井水，水质甘美，是泡茶好水，如北京故宫博物院文华殿东传心殿内的大庖井，曾经是皇宫里的重要饮水来源。一般来说，浅层井水不适合饮用，深层井水有面水层的保护，污染少，非常适合饮用。

● **备注**：现在，大多人都生活在现代化的大都市中，因此，矿泉水、纯净水及家里的自来水就成了现代人泡茶的主要用水。由于自来水中含有用来消毒的氯气和许多矿物质，会影响茶汤的口感，所以建议使用矿泉水、纯净水和过滤水来冲泡茶叶。

细斟慢酌，感受浓浓茶韵

虽然人人都能泡茶、喝茶，但要真正泡好茶、喝好茶却并非易事。泡茶涉及茶、水、茶具、时间、环境等因素，把握这些因素之间的关系是泡好茶的关键。

一壶茶放多少茶叶

小壶茶的置茶依茶叶外形松紧而定：非常蓬松的茶，如青茶、瓜片、粗大型的碧螺春等，放七八分满；较紧结的茶，如揉成球状的乌龙茶、条形肥大且带绒毛的白毫银针、纤细蓬松的绿茶等，放 1/4 壶；非常密实的茶，如剑片状的龙井、煎茶，针状的工夫红茶、玉露、眉茶，球状的珠茶，碎角状的细碎茶叶，切碎熏花的香片等，放 1/5 壶。

如何计算浸泡的时间

浸泡的时间是随"置茶量"而定的，茶叶放得多，浸泡的时间要短；茶叶放得少，时间就要拉长。可以冲泡的次数也跟着变化，浸泡的时间短，可以多泡几次；浸泡的时间长，可以冲泡的次数一定更少。依上述"置茶量"，第一泡大约浸泡一分钟可以得出适当的浓度，第二道以后要看茶舒展状况与品质特性增减时间，以下是几项考虑的因素：

第 1 点

揉捻成卷曲状的茶，第二道、第三道才完全舒展开来，所以第二道浸泡时间往往需要缩短，第三道以后才逐渐增加浸泡的时间。

第 2 点

揉捻轻、发酵少的茶可溶物释出速度较快，所以第三道以后浓度释放已趋缓慢，必须加长浸泡时间。

第 3 点

重萎凋、轻发酵的白茶类，如白毫银针、白牡丹，可溶物释出缓慢，浸泡时间应更长。碎茶叶可溶物释出很快，前面数道时间宜短，往后各道的时间可适量拉长。

第 4 点

重焙火茶可溶物释出的速度较同类型茶之轻焙火者快，故前面数道时间宜短，往后越多道则冲泡时间越长。

·用什么温度的水泡茶·

冲泡不同类型的茶需要不同的水温：

70～80℃的水用以冲泡龙井、碧螺春、煎茶等带嫩芽的绿茶与霍山黄芽、君山银针等黄茶，以及虽带嫩芽但重萎凋的白茶（如白毫银针）。

80～90℃的水用以冲泡白毫乌龙等带嫩芽的乌龙茶，瓜片等采开面叶的绿茶。

90～100℃的水用以冲泡采开面叶为主的乌龙茶，如包种、冻顶、铁观音、水仙、武夷岩茶等，以及后发酵的普洱茶、全发酵红茶。

绿茶茶艺展示

　　绿茶在所有茶类中形状最多，有的细如眉，有的圆如珠，有的扁如平。绿茶是未经发酵制成的茶，保留了鲜叶的天然物质，有自然清新的特质。瓷杯适于泡饮中高档绿茶，玻璃杯适于泡饮细嫩的名贵绿茶，便于欣赏茶的外形、内质；绿茶冲泡的水温为80 ~ 85℃，泡3 ~ 5分钟即可。

①备具	②洁具	③鉴茶
准备好玻璃杯、茶荷、水盂、茶道组、水壶、茶巾、茶盘。	玻璃杯中倒入适量开水，旋转使玻璃杯壁均匀受热，弃水不用（可倒入水盂中）。	泡茶之前先请客人观赏干茶的茶形、色泽，还可以闻闻茶香。

1	
2	3

④置茶	⑤温润泡	⑥正式冲泡
用茶匙将少许茶叶轻缓拨入玻璃杯中。	玻璃杯中倒入80~85℃的水，旋转玻璃杯，温润茶叶使茶叶均匀受热。	玻璃杯中倒入80~85℃的水至七分满。

⑦赏茶	⑧闻香	⑨品茶
观察茶叶变化及汤色。	品饮前，可闻香，绿茶香气清香优雅。	绿茶滋味香郁味醇，令人回味无穷。

4	5	6
7	8	9

红茶茶艺展示

　　冲泡红茶宜选用精美的细花瓷壶和细瓷杯并配以瓷茶盘为组合，或使用盖碗，这样比较温馨并富有情趣；红茶冲泡的水温为 90 ~ 95℃，这样可以"以高温冲出茶香"。红茶茶汤汤色红亮，滋味浓厚鲜爽，甘醇厚甜，口感柔嫩滑顺。

①备具	②洁具——温杯烫盏	③赏茶
准备好白瓷壶、品茗杯、公道杯、茶滤、茶荷、茶道组、水壶、茶巾、茶盘。	用热水烫洗一遍茶具，同时可以起到温杯的作用，杯温的升高还有利于散发茶香。	泡茶之前先请客人观赏干茶的茶形、色泽，还可以闻闻茶香。

$$\frac{1}{2 \mid 3}$$

④置茶	⑤温润泡	⑥正式冲泡
用茶则将茶叶拨入白瓷壶中。	白瓷壶中倒入 90℃的开水，将茶水通过茶滤注至公道杯中，最后倒入品茗杯中，弃茶水不用，主要起到润湿茶叶和再次烫洗杯具的作用，也称作洗茶。	白瓷壶中倒入开水，将茶水通过茶滤注至公道杯中。

⑦分茶	⑧闻香	⑨品茶
将公道杯中的茶汤一一分到各个品茗杯中。	品饮前，可闻香，红茶香气馥郁。	红茶入口后，滋味醇厚。

4	5	6
7	8	9

黑茶茶艺展示

黑茶是后发酵茶，茶汤一般为深红、暗红或者亮红色，不同种类的黑茶有一定的差别。普洱生茶茶汤浅黄，普洱熟茶茶汤深红明亮。优质黑茶茶汤顺滑，入口后茶汤与口腔、喉咙接触不会有刺激、干涩的感觉。黑茶有吸味的特点，适合用紫砂陶、傣族竹制器具、景德镇瓷器冲泡，能提升黑茶的香气，滋味更醇厚；适合冲泡的水温为 95 ～ 100℃。不宜长时间浸泡，否则苦涩味会比较重。

①备具	②洁具——温杯烫盏	③赏茶
准备好紫砂壶、品茗杯、公道杯、茶滤、茶荷、茶道组、水壶、茶巾、茶盘。	用热水烫洗一遍茶具，同时可以起到温壶温杯的作用，杯温壶温的升高有利于散发茶香。	泡茶之前先请客人观赏干茶的茶形、色泽，还可以闻闻茶香。

$$\frac{1}{2 \mid 3}$$

④置茶	⑤洗茶	⑥冲泡
用茶则将茶叶拨入紫砂壶中。	将沸水冲入紫砂壶中泡茶，也称之为洗茶，黑茶冲泡需连洗两遍，洗茶水直接弃用，也可用来淋壶。	再次倒入沸水冲泡，冲泡后即可出汤。

⑦出汤	⑧分茶	⑨品茶
将茶汤通过茶滤倒入公道杯。	将公道杯中的茶汤一一分到各个品茗杯中。	黑茶入口后滋味醇厚，回甘十分明显。

4	5	6
7	8	9

乌龙茶茶艺展示

　　乌龙茶是介于绿茶与红茶之间的半发酵茶，因发酵程度不同，不同的乌龙茶滋味和香气也有所不同，但都具有浓郁花香、香气高长的显著特点。乌龙茶因产地和品种不同，茶汤或浅黄明亮，或橙黄、橙红。入口后香气高长，回味悠长。乌龙茶适宜用有吸香性和透气性的紫砂壶来冲泡；宜用 100℃滚开的水加满茶器，以 100℃矿泉水来冲泡乌龙茶效果更佳。

①备具	②洁具——温杯烫盏	③赏茶
准备好紫砂壶、品茗杯、闻香杯、公道杯、茶滤、茶荷、茶道组、水壶、茶巾、茶盘。	用热水烫洗一遍茶具，同时可以起到温杯的作用，杯温的升高还有利于散发茶香。	泡茶之前先请客人观赏干茶的茶形、色泽，还可以闻闻茶香。

$$\frac{1}{2 \mid 3}$$

④置茶	⑤温润泡	⑥正式冲泡
用茶匙将茶荷中的茶叶仔细拨入紫砂壶中。	紫砂壶中倒入开水，将茶水通过茶滤注至公道杯中，最后倒入闻香杯和品茗杯中，弃茶水不用，主要起到润湿茶叶和再次烫洗杯具的作用。	紫砂壶中倒入开水，将茶水通过茶滤注至公道杯中。

⑦斟茶	⑧闻香	⑨品茶
将公道杯中的茶汤分入各个闻香杯中，再将品茗杯倒扣在闻香杯上，端起闻香杯，至胸前位置进行翻转。	乌龙茶香气馥郁持久。	乌龙茶入口后滋味醇厚甘鲜。

黄茶茶艺展示

　　黄茶的制作工艺与绿茶相似，只是多了一道"闷黄"的工序，因此形成了黄茶干茶色泽金黄或黄绿、嫩黄的特点。黄茶适宜用玻璃杯或盖碗冲泡，尤以玻璃杯泡黄茶为最佳，可欣赏茶叶似春笋破土，缓缓升降，有"三起三落"的妙趣奇观；适合冲泡的水温为 75 ~ 80℃。黄茶汤色黄绿明亮，叶底嫩黄匀齐，滋味鲜醇、甘爽、醇厚。

①备具	②洁具	③鉴茶
准备好玻璃杯、茶荷、水盂、茶道组、水壶、茶巾、茶盘。	玻璃杯中倒入适量开水，旋转使玻璃杯壁均匀受热，弃水不用（可倒入水盂中）。	泡茶之前先请客人观赏干茶的茶形、色泽，还可以闻闻茶香。

④置茶 > ⑤温润泡 > ⑥正式冲泡

将茶荷中的少许茶叶用茶匙轻缓拨入玻璃杯中。

玻璃杯中倒入 75～80℃的水，旋转玻璃杯，温润茶叶使茶叶均匀受热。

玻璃杯中倒入 75～80℃的水至七分满。

⑦赏茶 > ⑧闻香 > ⑨品茶

观察茶叶变化及汤色。

饮用之前，先闻茶香。

闻香完毕后，便可品尝黄茶的滋味了。

4	5	6
7	8	9

·白茶茶艺展示·

白茶因没有揉捻工序，所以茶汤冲泡出来的速度比其他茶类要慢一些，因此白茶的冲泡时间比较长。白茶的色泽灰绿、银毫披身、银白，汤色黄绿清澈，滋味清醇甘爽。饮用白茶要先闻其香再品其味，冲泡白茶的水温要求在 75 ～ 80℃。

①备具	②洁具	③鉴茶
准备好玻璃杯、茶荷、水盂、茶道组、水壶、茶巾、茶盘。	玻璃杯中倒入适量开水，旋转使玻璃杯壁均匀受热，弃水不用（可倒入水盂中）。	泡茶之前先请客人观赏干茶的茶形、色泽，还可以闻闻茶香。

$\dfrac{1}{2 \mid 3}$

④ 置 茶	⑤ 温 润 泡	⑥ 正式冲泡
将茶荷中的少许茶叶用茶匙轻缓拨入玻璃杯中。	玻璃杯中倒入 75～80℃ 的水，旋转玻璃杯，温润茶叶使茶叶均匀受热。	玻璃杯中倒入 75～80℃ 的水至七分满。

⑦ 赏 茶	⑧ 闻 香	⑨ 品 茶
观察茶叶变化及汤色。	饮用之前，先闻茶香。	闻香之后再品尝其滋味，白茶入口后甘醇清鲜。

4	5	6
7	8	9

聚
散
當
酒

寒
夜
茶
當
酒

竹
爐
湯

火
初
紅

尋
常
一
樣

窗
前
月

繞
有
梅
花

便
不
同

丁丑夏

第4篇

识茶人话茶事

饮茶人人都会，但饮出情趣来，就需要文人墨客来琢磨，这就是所谓茶人的功夫。
一往情深的茶文化，使得茶香在字里行间书里书外飘溢。

古往今来有茶人

"茶人"一词，历史上最早出现于唐代，单指从事茶叶采制生产的人，后来也将从事茶叶贸易和科研的人统称为茶人。他们评茶鉴水、以茶为业、以茶为友，勾勒出人与茶、人与世界、人与自然之间彼此相知相惜的和谐与美好。

"茶圣"陆羽

根据陆羽所作的《陆文学自传》，陆羽生于唐代复州竟陵（今湖北天门），因相貌丑陋而成为弃儿，后被当地龙盖寺和尚积公禅师收养，在龙盖寺学文识字、诵经煮茶为其以后的成长打下了良好的基础。由于不愿削发为僧、皈依佛门，陆羽12岁时逃出龙盖寺，开始漂泊不定的生涯。后来在竟陵司马崔国辅的支持下，年仅21岁的陆羽开始了历时五年考察茶叶的游历。

经义阳、襄阳，往南漳，入巫山，一路风餐露宿，陆羽实地考察了茶叶产地32州。每到一处都与当地村叟讨论茶事，详细记录，之后隐居在苕溪，根据自己所获资料和多年论证所得从事对茶的研究。历时十几年，终于完成了世界上第一部关于茶的研究著作——《茶经》，此时他已经47岁。

在我国古代封建社会，研究经书典籍通常被认为是儒家士人正途，而像茶学、茶艺这类学问通常被认为是难入正统的"杂学"。陆羽的伟大之处就在于他悉心钻研儒家学说，又不拘泥于此，将艺术溶于"茶"中，开中国茶文化之风气，也为中国茶业提供了完整的科学依据。陆羽逝世后，后人尊其为"茶神""茶圣"。

诗僧皎然

皎然，字清昼，唐代著名诗僧。皎然博学多识，诗文清新秀丽，他不仅是一名僧人，还是一名诗人，写下很多茶诗。他和陆羽是忘年之交，两人时常一起探讨茶艺，他所提倡的"以茶代酒"风气，对唐代及后世的茶文化有很大的影响。皎然喜爱品茶，也喜欢研究茶，在《顾渚行寄裴方舟》一诗中，详细地记录了茶树的生长环境、采收季节和方法、茶叶的品质等，是研究当时湖州茶事的重要资料。

"别茶人"白居易

白居易，字乐天，号香山居士，唐代著名的现实主义诗人。白居易一生嗜茶，对茶很偏爱，几乎从早到晚茶不离口。他在诗中不仅提到早茶、中茶、晚茶，还有饭后茶、寝后茶，是个精通茶道、善鉴别茶叶的行家。白居易喜茶，他用茶来修身养性、交朋会友，以茶抒情，以茶施礼，从他的诗中可以看出，他品尝过很多茶，但是最喜欢的是四川蒙顶茶。

他的别号"别茶人"，是在《谢李六郎中寄新蜀茶》一诗中提到的，诗中说："故情周匝向交亲，新茗分张及病身。红纸一封书后信，绿芽十片火前春。汤添勺水煎鱼眼，末下刀圭搅曲尘。不寄他人先寄我，应缘我是别茶人。"

对茶业有伟大贡献的蔡襄

蔡襄，字君谟，是宋代著名的书法家，被世人评为行书第一、小楷第二、草书第三，和苏轼、黄庭坚、米芾共称为"宋四家"。他是宋代茶史上一个重要的人物，著有《茶录》一书，该书自成一个完整体系，是研究宋代茶史的重要依据。

龙凤茶原本为一斤八饼，蔡襄任福建转运使后，改造为小团，即一斤二十饼，名为"上品龙茶"，这种茶很珍贵，欧阳修曾对它有很详细的叙述，这是蔡襄对茶业的伟大贡献之一。在当时，小龙凤茶是朝廷的珍品，很多朝廷大臣和后宫嫔妃也只能观其形貌，却不能亲口品尝，可见其珍贵性。

嗜茶的苏轼

在苏轼的日常生活中，茶是必不可少的东西，在一天中无论做什么事都要有茶相伴。在苏轼的诗中有很多关于茶的内容，这些流传下来的佳作脍炙人口，从中也可以看出他对茶的喜爱。

他在《留别金山宝觉圆通二长老》一文中写道"沐罢巾冠快晚凉，睡余齿颊带茶香"，这是说睡前要喝茶；在《越州张中舍寿乐堂》一文中有"春浓睡足午窗明，想见新茶如泼乳"，说的是午睡起来要喝茶；在《次韵僧潜见赠》中提到"簿书鞭扑昼填委，煮茗烧栗宜宵征"，这是说在挑灯夜战时要饮茶。当然，在平日填诗作文时茶更是少不得。

苏轼虽然官运不顺畅，可是因为数次被贬，到过的地方也很多，在这些地方，他总是寻访当地的名茶，品茗作诗。苏轼在徐州当太守时，有次夏日外出，因天气炎热，想喝茶解渴解馋，于是就向路旁的农家讨茶，因此写了《浣溪沙·簌簌衣巾落枣花》一词："簌簌衣巾落枣花，村南村北响缫车，牛衣古柳卖黄瓜。酒困路长惟欲睡，日高人渴漫思茶，敲门试问野人家。"词中记录的就是当时想茶解渴的情景。

把茶比作故人的黄庭坚

黄庭坚（1045～1105年）是北宋洪州分宁人（今江西修水），中国历史上著名的文学家、书法家，与苏轼、米芾和蔡襄并称书坛上的"宋四家"。除了爱好书法艺术，黄庭坚还嗜茶，年少时就以"分宁茶客"而名闻乡里。

黄庭坚早年嗜酒和茶，后来因病而戒酒，唯有借茶以怡情，故称茶为故人。黄庭坚曾作一篇以戒酒戒肉为内容的《文愿文》，文曰："今日对佛发大誓，愿从今日尽未来也，不复淫欲，饮酒，食肉。设复为之，当堕地狱，为一切众生代受头苦。"此后二十年，黄庭坚基本上依自己誓言而行，留下了一段以茶代酒的茶人佳话。

除了饮茶，黄庭坚还是一位弘扬茶文化的诗人，涉及到摘茶、碾茶、煎水、烹茶、品茶及咏赞茶功的诗和词比比皆是，现今尚有十首流传于世的茶诗，如赠送给苏东坡的《双井茶送子瞻》。双井茶从此受到朝野大夫和文人的青睐，最后还被列入朝廷贡茶，奉为极品，盛极一时。

写茶皇帝宋徽宗

宋徽宗，即赵佶，是宋神宗的十一子。赵佶在位期间，政治腐朽黑暗，可以说他根本就没有治国才能，但是他却精通音律、书画，对茶艺的研究也很深。他写有《大观茶论》一书，这是中国茶业历史上唯一一本由皇帝撰写的茶典。

他的《大观茶论》内容丰富，见解独到，从书中可以看出北宋的茶业发达程度和制茶技术的发展状况，是研究宋代茶史的重要资料。《大观茶论》中，还记录了当时的贡茶和斗茶活动，对斗茶的描述很详尽，可以从中看出宋代皇室对斗茶很热衷，这也是宋代茶文化的重要特征。

改革传统饮茶方式的朱权

朱权，明太祖朱元璋的十七子，封宁王。朱权对茶道颇有研究，著有《茶谱》一书，他改革了传统的品饮方式和茶具，提倡从简形式，开创了清饮的风气，形成一套简便新颖的饮茶法。

朱权在《茶谱》中写道："盖羽多尚奇古，制之为末，以膏为饼。至仁宗时，而立龙团、凤团、月团之名，杂以诸香，饰以金彩，不无夺其真味。然天地生物，各遂其性，莫若叶茶。烹而啜之，以遂其自然之性也。予故取烹茶之法，末茶之具，崇新改易，自成一家。"从这段话中可以看出他对饮茶的独到见解，而从他之后，茶的饮法逐渐变成现今的直接用沸水冲泡的简易形式。

爱茶之人郑板桥

郑板桥，清代著名书画家，精通诗、书、画，号称"三绝"，是"扬州八怪"之一。书画作品擅以竹兰石为题，将茶情与创作之趣、人生之趣融为一体，雅俗共赏，率真、洒脱，为后人称道。

郑板桥一生爱茶，无论走到哪里，都要品尝当地的好茶，也会留下茶联、茶文、茶诗等作凭证。在四川青城山天师洞，有郑板桥所作的一副楹联："扫来竹叶烹茶叶，劈碎松根煮菜根。" 他 40 多岁时，到仪征江村故地重游，在家书中写道："此时坐水阁上，烹龙凤茶，烧夹剪香，令友人吹笛，作《梅花落》一弄，真是人间仙境也。"

与茶有关的民俗

自古以来，纷繁复杂的茶文化就与民俗文化有着如影随形般的关联。茶品，性情坚贞，是新婚佳偶的良伴；茶意，精行简德，是人们祭祖拜神的首选。

· 茶与祭祀 ·

茶，自古以来寓意精行简德、清雅超凡，古人以茶为祭，有表明自身内心虔诚谦恭、清洁素雅之意。用茶作祭有三种方式：以茶水为祭，以干茶为祭，以茶具象征为祭。

在我国民间习俗中，茶与丧祭的关系十分密切。从长沙马王堆西汉古墓的发掘中已经知道，我国早在2100多年前就已将茶叶作为随葬物品，皆因古人认为茶叶有"洁净、干燥"之功用。

无论是皇宫贵族，还是庶民百姓，在祭祀中都离不开清香芬芳的茶叶。许多民族都保留着以茶祭祖、陪丧的风俗。清代的宫廷，在祭祀祖陵时必用茶叶，同治十年（1871年）冬至大祭时祭品中就有"松罗茶叶十三两"的记载。

·三茶礼·

旧时，在江南扬州一带的婚嫁风俗中，有"三茶礼"之说。双方订亲之后，男方会到女方家去"催妆"，女方也会送嫁妆到男方家"铺房"。"催妆"，即请媒人到女方家催促姑娘置妆，以便及时迎娶。"铺房"，即女方把妆奁送到男方家里，逐一布置安顿。这两项仪式是互访性质。有相互视看的意思在内，多为大户人家所为。

媒人带新郎前往女方家接嫁妆，是在婚期的前一天。接嫁妆时，女方家中要行"三茶礼"。其中前两道茶，新郎不能吃下去，只要嘴唇轻触汤水即可，第三道茶，新郎才可以随意饮用。

·退茶·

以前，在我国贵州三穗、天柱和剑河一带，侗族姑娘有一种退婚方式，叫作"退谢"。据说，这是旧时女孩子们反抗父母包办婚姻的一种方式。传说具体做法是：姑娘用纸包一包普通的干茶叶，选择一个适当的机会，亲自带着茶叶到男方家去，跟男方父母说："舅舅、舅娘啊！我没有福分来服侍你们老人家，你们另找一个好媳妇吧！"说完，将茶叶包放在堂屋桌子上，转身就走。如果在男方家里不顺利，如被男子或其他族人碰到且被抓住，男方就可以马上举行婚宴，而对于那些"退茶"成功的姑娘，是被众人所敬佩的。

以茶敬佛

佛教在汉朝传入我国，从此便与茶结下了不解之缘。茶与佛教修心养性的要求极为契合，因此，僧人饮茶可助其静心除杂，对茶当然会倍加喜爱。

唐宋时期，佛教盛行，寺必有茶。南方的寺庙，几乎庙庙种茶。据《茶经》记载，僧人在两晋时即以敬茶作为寺院待客之礼仪。到了唐朝，随着禅宗的盛行，佛门尚茶之风更加普及。佛教提倡饮茶，在我国的很多寺院中还专门设有"茶堂"，用来品茶、专心论佛之用。寺院茶礼包括供养三宝、招待香客两方面。

自古名寺出名茶，我国的不少名山寺庙都种有茶树，出产名茶。在茶的种植、饮茶习俗的推广、茶宴形式、茶文化对外传播方面，佛教都有巨大贡献。

茶与丧礼

在我国的民间习俗中，茶与丧祭之事关系密切，可谓"无茶不成丧"。史书上最早关于祭祀用茶的记载，是在《南齐书》中，齐武帝萧颐在遗诏中要求祭祀只设饼果、茶饮等素食。自古以来，我国都有在死者手中放置茶叶的习俗。无论是汉族，还是少数民族，都有以茶祭祀、陪丧的古老风俗。譬如：

安徽寿县地区：茶叶拌以土灰置于死者手中，让灵魂在过孟婆亭时不饮孟婆汤。

浙江地区：死者衔银锭，陪以甘露叶和茶叶，灵魂渴时不会喝孟婆汤。

湖南某些地区：棺木土葬时，死者要以茶叶枕头，让灵魂免饮孟婆汤，更可消除异味。

· 以茶待客 ·

　　我国是文明古国，礼仪之邦，很重视人与人之间来往的礼节，凡来了客人，沏茶、敬茶的礼仪是必不可少的。

　　客来敬茶，是中国的传统礼节。它在中国流传至少已有一千年以上的历史了。据史书记载，早在东晋时，中书郎王濛用"茶汤待客"，太子太傅桓温用"茶果宴客"，吴兴太守陆纳"以茶果待客"。表明了中国人历来有客来敬茶和重情好客的风俗。实际上，客来敬茶，对"客"来说，饮与不饮，无关紧要，但对主人来说，敬茶是不可省的。

　　客来敬茶，要体现出文明与礼貌，应做到饮茶场所窗明几净、整洁有序，环境要显得幽雅可亲。如果家中藏有几种名茶，还得向客人一一介绍，供客人选择，如果是特别名贵的茶，还应向客人介绍一下这种茶的由来和与茶有关的故事。至于泡茶用的茶具，一定要洗得干干净净。如果用的是珍稀或珍贵的茶具，那么，主人也应一边陪同客人饮茶，一边介绍茶具的历史和特点、制作和技艺，通过对壶杯的鉴赏，共同增进对茶具文化的认识，使敬茶情谊得到升华。敬茶时，必须恭恭敬敬地双手奉上。

　　比较讲究的人，奉茶时还会在饮茶杯下配上一个茶托或茶盘。奉茶时，用双手捧住茶托或茶盘，举至胸前，轻轻道一声"请用茶！"这时客人也应轻轻向前移动一下，道一声"谢谢！"通过敬茶，可以体现中国人重情好客的礼仪。

　　泡茶用水必须是清洁无异味的。泡茶时分两次冲水，第一次冲至三分满，待几秒钟后，茶叶开始展开时，再冲至七分满，这叫洒下的是"七分茶"，留下的是"三分情"。